Mass

Die Technik des Satellitenanzapfens

Telekommunikation

Christian Mass

Die Technik des Satelliten-anzapfens

Praktisches Know-how der Satellitenspionage

Gerätetechnische Voraussetzungen – Empfangspraxis – Signalauswertung

Mit 125 Abbildungen

Franzis'

Die Deutsche Bibliothek – CIP-Einheitsaufnahme

Ein Titeldatensatz für diese Publikation ist bei
Der Deutschen Bibliothek erhältlich

Die meisten Produktbezeichnungen von Hard- und Software sowie Firmennamen und Firmenlogos, die in diesem Werk genannt werden, sind in der Regel gleichzeitig auch eingetragene Warenzeichen und sollten als solche betrachtet werden. Der Verlag folgt bei den Produktbezeichnungen im wesentlichen den Schreibweisen der Hersteller.

Satz: Fotosatz Pfeifer, 82166 Gräfelfing
Druck : Offsetdruck Heinzelmann,
Printed in Germany - Imprimé en Allemagne.

ISBN 3-7723-4024-5

Vorwort

Den Faxverkehr mitlesen, Militärsatelliten zum Umsonst-Telefonieren missbrauchen oder den internationalen Satellitenverkehr abhören – in diesem Buch erhalten Sie praktisches Know-how, wie Satelliten ohne viel Aufwand angezapft werden können. Ausführlich geht der Autor auf die gerätetechnischen Voraussetzungen, die Empfangspraxis und die Signalauswertung ein. Christian Mass gilt als Experte der Satellitenkommunikation und veröffentlichte 1997 erstmals in Europa die Hintergründe des US-Abhörsystems Echelon.

Satellite
NATIONAL FORECAST
67
59
FORECAST RADAR
20s
30s
40s
50s
60s
70s
HIGH TEMPERATURES

Inhalt

1 Let's do it

Kurz vor Redaktionsschluss sah es gar nicht so gut aus im Irak. Die eine Seite hätte zu gerne eine neue Raketentechnik am lebenden Objekt ausprobiert, die andere Seite wollte partout nicht die Kellertür mit den versteckten Raketen in den Palästen aufmachen. Der Spiegel stand schon auf 57° Ost und auf Inmarsat war wie üblich auf 1534,35 MHz Peter Arnett von CNN zu hören. Einen Nachteil hatte die ganze Geschichte: beide Kontrahenten respektierten den Redaktionsschluss der TSI nicht. Auch nicht so schlimm, denn es gab ja noch etwas anderes: Hochauflösenden NOAA/SeaStar-Empfang.

Vielen Lesern sind die Augen müde geworden vom Lesen der letzten 21 Folgen dieser Serie, und es juckt nun der elektronische Finger, einige Ideen in die Praxis umzusetzen. Hier steht der Selbstbau von Wettersatelliten-Anlagen an der Spitze. Diese auf 137 MHz sendenden Satelliten sind mit recht bescheidenen Mitteln zu empfangen – entsprechende Bauvorschläge gab es in fast allen Amateurzeitschriften. Interessanter ist da schon der Empfang der High-Resolution-Bilder der NOAA-Satelliten und SeaStars im 1,7 GHz-Bereich, doch praktikable Selbstbauideen und Software gab es bisher nicht. Eine fertige Anlage kostet immerhin zwischen 3500 und 5000 DM. Der Reiz bei diesen Satelliten sind die hochauflösenden Bilder (ca. 1 km). Wenngleich man damit nicht gerade dem Nachbarn in den Garten sehen kann, so ist ein komplettes Europabild in dieser Auflösung schon faszinierend. Um das ganze Projekt in einer Ausgabe der TSI zu beschreiben, reicht leider der Platz nicht. So beginnen wir in dieser Ausgabe mit der Außeneinheit und dem Receiver.

NOAA

Diese Wettersatelliten umkreisen die Erde alle 102 Minuten in ca. 850 km Höhe und liefern zweimal am Tag ihre Bilder über jedem Punkt der Erde ab. Die Low-Resolution-Bilder laufen über 137 MHz, während die professionellen HRPT-Bilder über 1,7 GHz geliefert werden. Die simple Fax-Software für die 137 MHz-Kodierung ist hier wertlos.

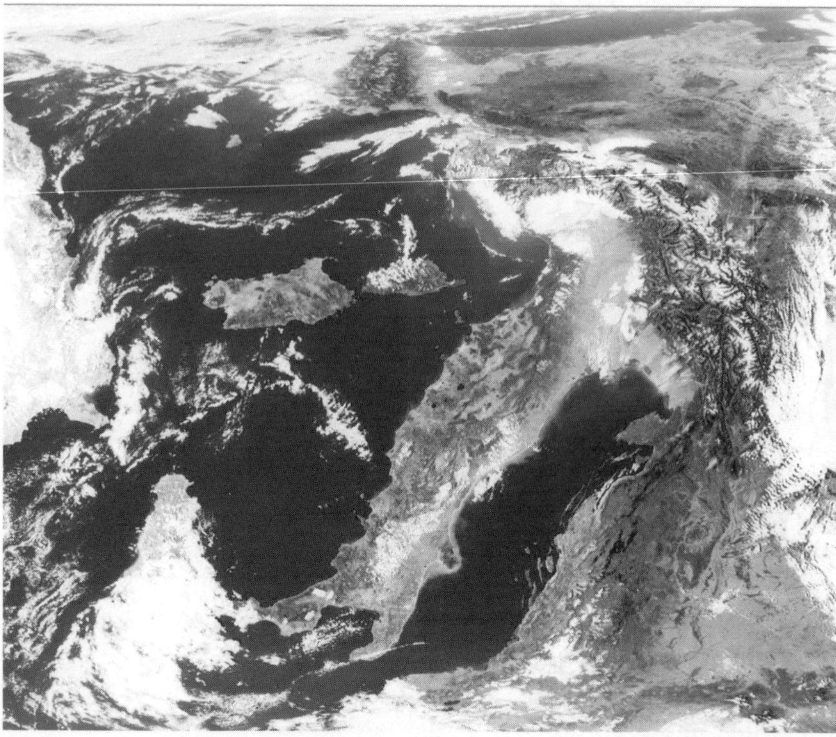

Gleichzeitig werden die Bilder von 5 Kanälen gesendet (visible, near-infrared und drei thermal-infrared-Kanäle). Hinzu kommen noch zwei weitere Kanäle mit dem Vegetation-Index und dem normalisierten Vegetations-Kanal.

SeaStar

Wesentlich unbekannter ist dieser Satellit, der auch als „Orbview-2" geführt wird, mit seinem SeaWiFS-Instrument an Bord. Er dient der Ozeanografie und wird wissenschaftlich (von der NASA) und kommerziell genutzt. Die komplette Darstellung aller Ozeane (und der Landmassen) erledigt er alle zwei Tage. Hier wird im Achtkanal-Verfahren gesendet. Mit Hilfe der Software werden diese übereinander gelegt, und das Resultat sind erstaunliche Bilder. So lassen sich noch leicht die flachen Stellen an den Ufern der Adria sichtbar machen; auch Venedig zeigt sich, wenn es zufällig mal nicht unter einer Wolkendecke steckt.

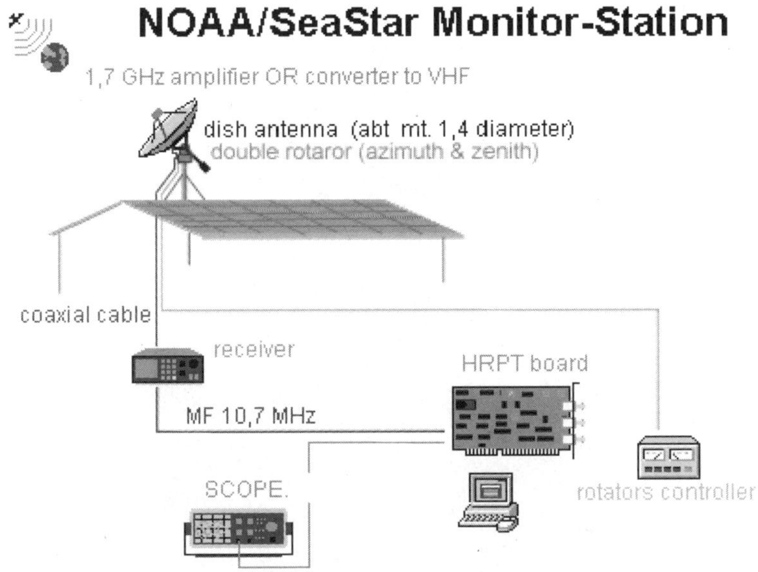

Das System

Seastar galt bisher im privaten Bereich als off-limits, da geeignete Dekodier-Software nicht verfügbar war. Dieses Problem und der hohe Preis einer Komplettanlage forderte die Amateure Roberto Ferrari (nein, nicht der!) und Enrico Falconelli aus Italien heraus. Ihr Projekt soll auch die Grundlage dieses Berichtes sein.

Nachdem das HRPT-System der US-Behörde NOAA sein Geheimnis verloren hatte, stellte sich schnell heraus, dass ohne jegliche Veränderung der Hardware auch der SeaStar-Empfang möglich war. Nur die Software musste neu geschrieben werden.

Die Antenne

Beim Einsatz eines 140cm-Spiegels kann der normale Meteosat-Feed (gebaut aus der Pulvermilch-Büchse) genutzt werden. Besser ist natürlich ein der Frequenz angepasster Feed, doch das Prinzip vom Meteosat kann übernommen werden. Enrico ist hier noch einen Schritt weiter gegangen und hat in seine Wettersatelliten-Büchse auch noch ein Ku-Band-Feed integriert, das in der Mitte der NOAA/SeaStar-Dose sitzt. Die Idee wurde einfach von den C/Ku-Band-Feeds übernommen, somit ist der Spiegel universell einsetzbar. Wer will, kann sich auch noch vor den Feed (in Richtung Satellit)

ein Kreuzdipol montieren und so auch noch die 137-MHz-Satelliten der Russen verfolgen.

Etwas aufwendiger ist die Antennensteuerung in Azimut und Elevation. Das kann nun von ganz fürchterlich teuer (z.B. Egis-Rotor 360°) bis zur Marke Eigenbau gehen. Hier bieten sich entsprechende Rotoren aus dem Amateurbereich an, da in der dort üblichen Satelliten-Kommunikation Dop-

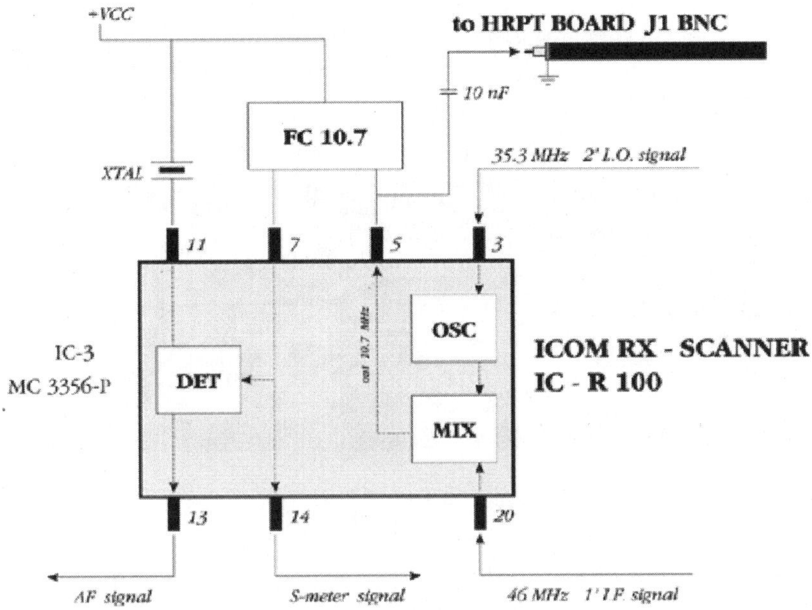

pelachs-Motoren zum Einsatz kommen. Entsprechende Shareware-Programme mit Antennensteuerung (z.B. InstanTrack) gibt es im Internet und zahlreichen Mailboxen. Der nächste Amateurfunk-Laden wird bestimmt helfen können.

Das bei 1,7 GHz empfangene Signal wird direkt hinter dem Feed verstärkt und durch einen Konverter in den Bereich 140-150 MHz heruntergesetzt. Hier kommt ein handelsüblicher Konverter für den Meteosat in Frage, der sein Signal auf 137 MHz abliefert. Die höhere NOAA/SeaStar-Frequenz wird vom Konverter in den höheren 140-150 MHz-Bereich umgesetzt.

Der Receiver

Die handelüblichen Wettersatelliten-Receiver eignen sich leider nicht, da ihr Frequenzbereich zu niedrig ist. Das allein wäre ein lösbares Problem. Die (in der nächsten TSI-Ausgabe beschriebene) PC-Karte will ein ZF-Signal von 10,7 MHz sehen, nur: das liefern diese Receiver nicht. Eine andere Möglichkeit wäre der Einsatz eines Breitbandempfängers für den direkten Empfang von 1,7 GHz. Einige Receiver dieser Bauart haben bereits einen 10,7 MHz-Ausgang. Hier kann man sich den Aufbau des 140/150-MHz-Receivers sparen. Aber auch Besitzern von Scannern, die 1,7 MHz empfangen können, jedoch kein ZF-Ausgang haben, kann teilweise geholfen werden. Als Referenz haben wir den weit verbreiteten Icom R100 gewählt.

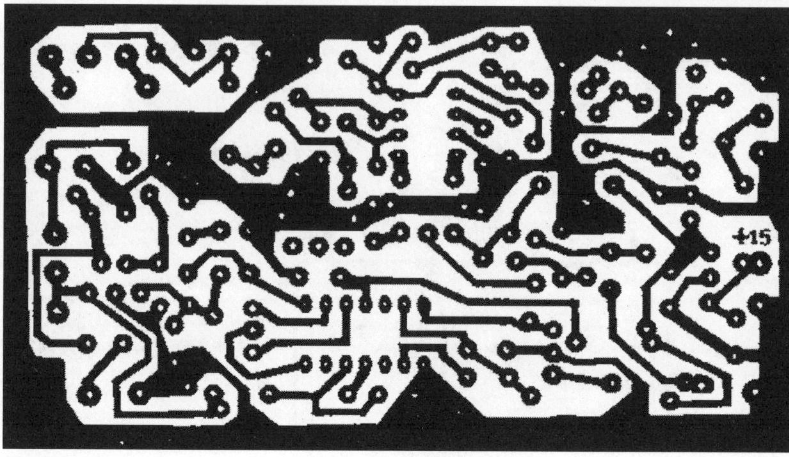

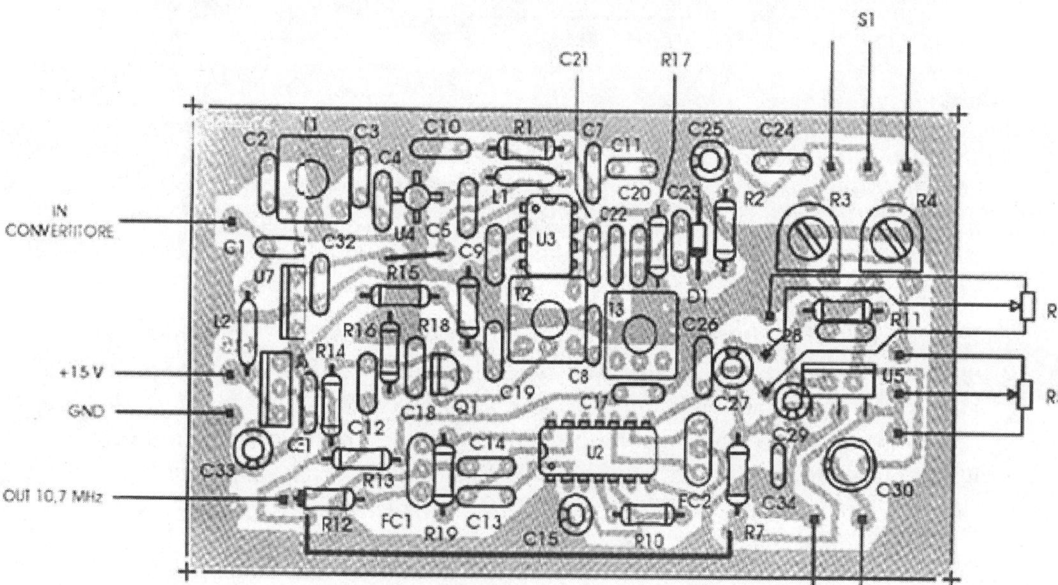

Hier lässt sich die 10,7-MHz-ZF direkt von Pin 5 des IC-3 (MC 3356-P) abgreifen. Dazwischen kommt noch ein Kondensator von 10 nF. Mit einem dünnen Koax-Kabel kann man das Signal auf dem kürzesten Wege zu einer BNC-Buchse auf der Rückseite des Receivers führen. Viele Radio-Scanner sind mit diesem IC ausgerüstet, daher ist diese Art der ZF-Entnahme oft übertragbar.

Receiver for HRPT

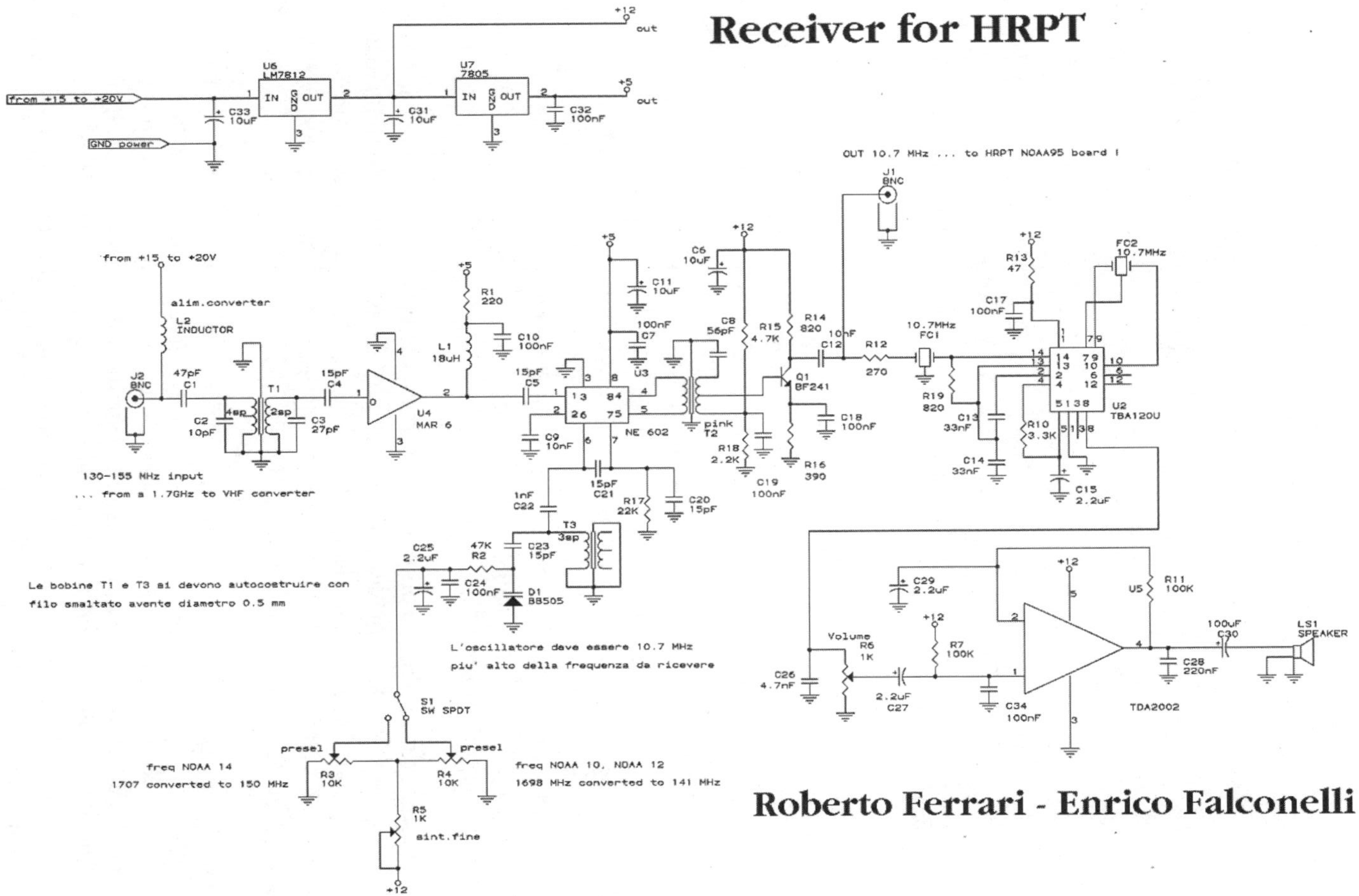

Roberto Ferrari - Enrico Falconelli

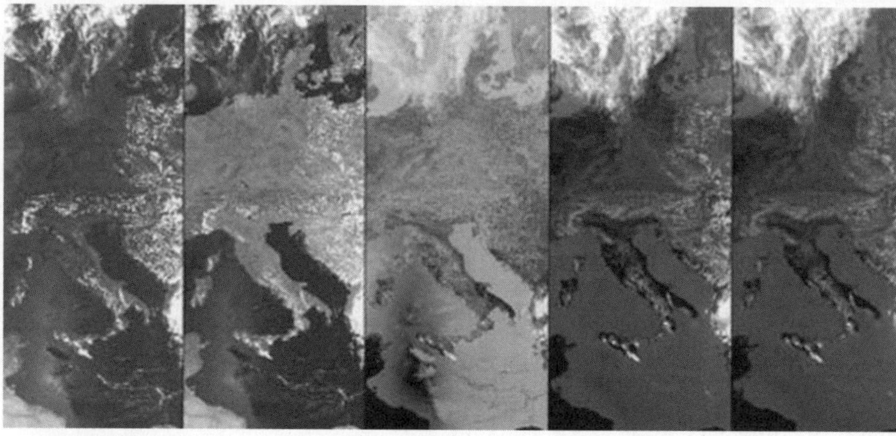

Die Bauteile für den 140/150 MHz-Receiver sind handelsüblich, und der Aufbau ist denkbar einfach. Die Spannungsversorgung erfolgt über ein externes Netzteil (15 bis 20 Volt Gleichspannung). Die Abstimmung der Pre-Selection an R3 und R4 kann direkt am NOAA/SeaSat-Signal (vom Konverter kommend) erledigt werden. Zur Not geht es auch für den 150 MHz-Bereich auf den dort arbeitenden Betriebsfunkgeräten (Europa) oder im oberen Bereich des dicht besiedelten 2-m-Amateurbandes (USA). Der 141-MHz-Kanal stimmt ungefähr überein mit den leisen Piepgeräuschen wissenschaftlicher Satelliten. Letztlich wird eine saubere Abstimmung erst möglich sein, wenn die ganze Anlage betriebsbereit ist; es sei denn, man ist Herr über einen Messsender. Ein Radio-Amateur aus der Nachbarschaft könnte da hilfreich sein.

Der fertige Empfänger sollte nicht unbedingt in eine Plastik-Butterbrotdose eingepackt werden, sondern in einem gut abgeschirmten Metallgehäuse Unterschlupf finden. Die Kanalumschaltung war ursprünglich für NOAA 10/12 und NOAA 14 gedacht. Hier kann einer der beiden Kanäle auf SeaStar (1702,5 MHz) abgestimmt werden.

Kepler-Elemente

Die aktuellen NOAA-Daten zur Lokalisierung des Satelliten sind im Internet (www.amsat.org), in Mailboxen oder in Amateurfunk-Zeitschriften zu finden. Bei SeaStar wird es eventuell etwas schwieriger. Dafür sind die Werte etwas konstanter und beim Erscheinen der vorliegenden Ausgabe immer noch von Gültigkeit.

Diese Werte, sie sind unten abgedruckt, werden in das entsprechende Steuerprogramm eingegeben, um die korrekte Nachführung der Antenne zu gewährleisten und auch gleichzeitig den Standort des Satelliten auf dem Bildschirm des PC zu sehen.

In der nächsten Ausgabe werden das PC-Board und die Dekoder-Software für beide Satellitensysteme vorgestellt.

Anmerkung: das hier beschriebene Projekt dient reinen Experimentierzwecken und darf nicht kommerziell genutzt werden.

2 Let's Do It (2)

Wenn man es genau nimmt, dürfte es eigentlich diesmal in dieser Rubrik keinen zweiten Teil des Selbstbau-Projekts für ein Empfangsanlage hochauflösender Satelliten geben. Nun hat es der Irak zwar gerade noch überlebt, und so gibt es aus der Satelliten-Kommunikation von dort nichts zu berichten. Dafür gab es einige Neuigkeiten zu einem recht geheimnisvollen Satelliten-TV-Sender, der verzweifelt in Europa eine Bleibe sucht. Nur niemand will ihn haben, da die Geheimdienste immer schon vor ihm da sind, und der Autor möchte gerne mehr über die Hintergründe wissen. Der Verleger hätte lieber die Story gesehen, doch es fehlen noch einige Informationen, und in diesem Fall ist journalistische Gründlichkeit angesagt.

Außerdem: versprochen ist versprochen, und so gibts hier Teil 2. Der beginnt allerdings mit einer etwas traurigen Meldung: SeaStar hat einen anderen Encoder gewählt, und unsere italienischen Freunde sind Tag und Nacht dabei, eine gute Lösung zu finden, die wir dann später einfach nachreichen.

Wer nun beim Zusammenbau des NOAA/SeaStar-Receivers aus der letzten TSI-Ausgabe bereits den ersten Nervenzusammenbruch hatte, sollte die folgenden Seiten schnell übersehen. Diesmal geht's ans Eingemachte. Es ist fein, die Datensignale aus dem 1,7 MHz-Bereich zu hören, doch noch besser ist es, die hochaufgelösten Fotos zu sehen. Dazu muss nun mal irgendwie eine HRPT-Card für den PC her und natürlich die geeignete Software.

Die doppelseitige PC-Card ist nicht so einfach für den Laien herzustellen, und auch einige Teile sind etwas mühsam zu bekommen. Enrico und Roberto, die beiden Projektentwickler, haben sich bereit erklärt, die fertige Karte mit den schwer erhältlichen Bauteilen zu liefern. Dies vereinfacht den Zusammenbau erheblich. Das Paket besteht aus folgenden Teilen und kostet mit Versand etwa 200 US-Dollar:

Doppelseitige Platine für den PC AT-Bus
HD-6409 (Manchester Decoder)
TBA 120-U (10,7 MHz-Demodulator
BB 505 (Varicap-Diode)
Programmiertes EPROM
Spulen (3*lila und 1*orange)
Die letzte Version des NOAA95-Programms
Schaltbilder und Diagramme

Einfach eine e-mail an aef@msoft.it schicken oder an Enrico Falconelli, Sr.Calciati 12, 28100 Novara, Italien schreiben. Nein, kein Händler, son-

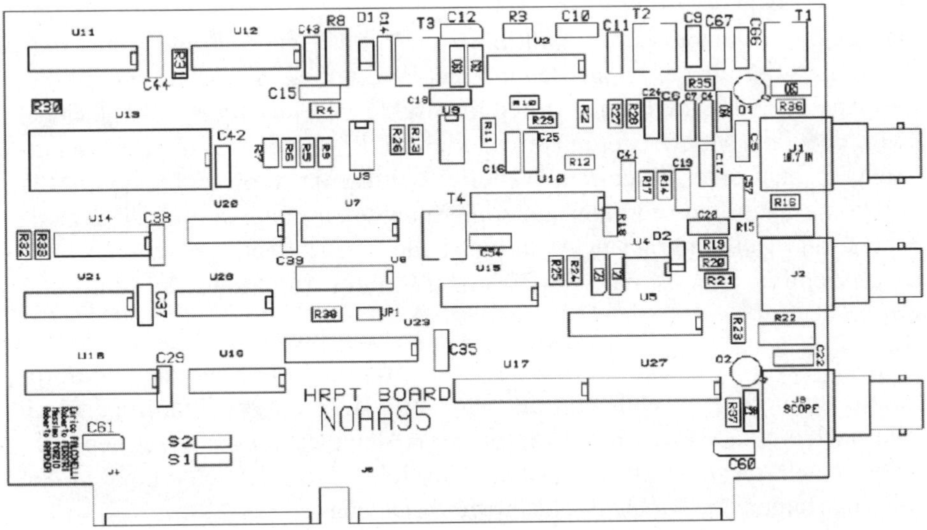

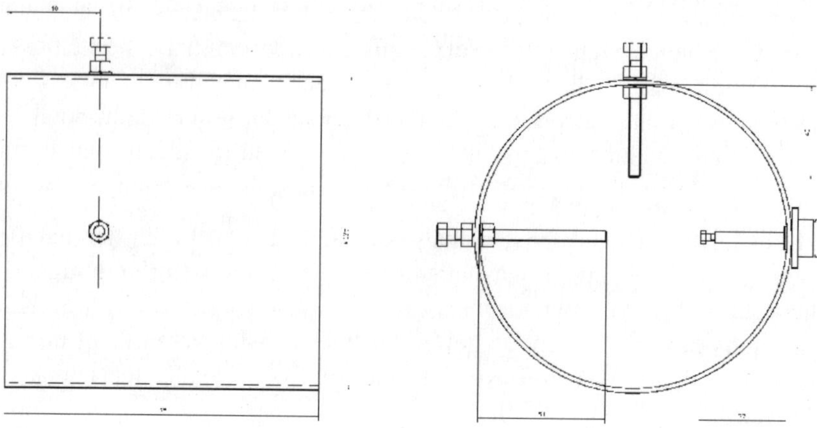

dern ein Amateur, und darum gibt er die genannten Artikel auch zum Selbstkostenpreis ab.

Und damit es trotzdem in der Zwischenzeit etwas tun gibt, folgt auf der nächsten Seite dann noch die Shopping-Liste für den Elektronik-Supermarkt gleich um die Ecke.

Gewiss, eine lange Liste, doch nicht allzu teuer. Und vor allen Dingen keinen Schreck bekommen. Die Bestückung der Karte ist recht einfach. Nur nicht mit einem 70 Watt-Lötkolben!

Fragen, Fragen

In der Zwischenzeit gab es natürlich zum Projekt einige Fragen der Leser. Immer wieder ging es da um den möglichen Empfang des Meteosat mit dieser Anlage. Nein, die Frequenz liegt in direkter Nachbarschaft und gesendet wird ebenfalls Manchester encoded, doch die Bit-Raten und die Zeilenstart-Sequenz sind unterschiedlich. Weiterhin wird gefragt, ob nun auch im 137 MHz die Satelliten mit einer anderen Antenne empfangen und die Signale verarbeitet werden können. Auch hier leider ein eindeutiges Nein. Es wäre auch ziemlich sinnlos, da die APT-Bilder in ihrer Auflösung viel schlechter sind.

Immer wieder wird der Rotor für die Nachführung der Antenne angesprochen. Einige der Leser haben da bestimmt schon ihre eigenen Idee, doch wir noch nicht. Als gangbare Alternative zu den ganz teuren Systemen wäre hier an den Yaesu 5400B zu denken. Hier lohnt es sich, auch einmal in den Kleinanzeigen der Amateurzeitschriften zu suchen.

Die Ansprüche an den zu verwendenden PC sind nicht allzu hoch: PC 386 mit einem 80 Mbyte HD (minimum). So ein Gerät gibt es heute fast für nix, und so könnte dieser PC vollständig für den Empfang des NOAA dienen und auch noch andere Satellitenberechnungs-Programme aufnehmen.

Wo gibt es denn nun die Software, und wie teuer ist sie? Hinten angefangen: sie kostet nur einen Besuch im Internet: http://www.msoft.it/noaa95/softw.htm.

Ein paar Leser scheuen davor zurück, den Receiver zu bauen und möchten nun wissen, ob denn Audio-Empfänger mit dem Frequenzbereich mit ca. 2 GHz auch funktionieren. Im Prinzip ja, doch sollten sie einen 10,7 MHz-Ausgang haben, und da hapert es bei den sog. Scannern. Für den R100 von Icom haben wir in der letzten Ausgabe einen Nachrüstvorschlag gemacht, der im Prinzip auch auf andere Geräte anwendbar ist. Der R7000/8500 von Icom und der AOR5000 haben diesen Ausgang serienmäßig.

Einige Leser haben Schwierigkeiten, die richtige Trockenmilchdose für den Feed zu finden. Für den Hobby-Mechaniker gibt es in dieser Ausgabe eine Bauzeichnung für diesen Teil der Antenne.

3 CASH VIA SATELLITE

Zwei Heiligtümer gibt es in den USA: die National-Security-Agency (NSA), die Mutter aller US-Geheimdienste und den Internal Revenue Service, das Finanzamt. Abgesichert sind beide Dienste wie weiland Fort Knox, und doch gelang es immer wieder einigen Hackern, diese Dienste via PC und Modem zu „besuchen“. Die Täter — falls entdeckt — wurden entweder angeheuert, um Sicherheitsmängel zu beseitigen, oder kamen für mehre Jahre hinter Gitter. Auf Nachfrage bei der NSA und dem IRS erklären diese ihren Datenbestand dann auch für sicher. Ganz sicher kann so etwas wohl nie sein, doch der Aufwand dort nochmals für Unruhe zu sorgen ist heute verhältnismäßig groß.

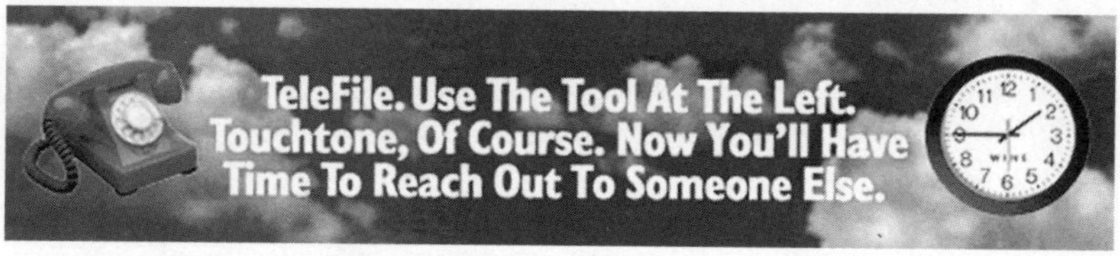

Gleichzeit taucht ein neues Sicherheitsproblem auf, zumindest beim IRS. Füllte der geplagte Steuerzahler früher einen Haufen Papiere aus und musste vielleicht in den tristen Finanzämtern auch noch vorstellig werden, so kann der US-Bürger heute von jedem Punkt der Erde seine Steuererklärung abgegeben. Einmal in der alten Papierform in den Konsulaten, via Fax und PC. Hinzugekommen ist nun der interaktive TeleFile-Service: für die Kommunikation mit dem sprachgesteuerten Computer des IRS reichen die Tasten des Telefons. All diese neuen Dienste werden natürlich vom IRS als absolut sicher vor heimlichen Mitlesern oder Hörern bezeichnet.

Refund

Der Refund ist nichts anderes als die Rückerstattung zuviel bezahlter Steuern. Größere Rückerstattungen haben in der Regel Menschen zu erwarten, die im Auftrage von US-Unternehmungen irgendwo im Ausland tätig sind, also unter die amerikanische Steuerpflicht fallen. Höhere Unkosten beim

Aufenthalt im Ausland durch doppelte Haushaltführung, Reisekosten und andere Aufwendungen garantieren oftmals stattliche Rückzahlungen. Die Abgabe der Steuererklärung beim nächsten Konsulat wäre der natürlichste Weg. Doch was ist mit den zahlreichen Besserverdienern auf Bohrinseln, Schiffen und in Ländern ohne diplomatische Vertretung? Sie sind auf den TeleFile-Service des IRS angewiesen. Das heißt, hier wird zur Übermittlung der Daten das nächste erreichbare Telefon genutzt. Auf Bohrinseln, Schiffen, Flugzeugen und im zivilen „Outback“ hilft nur noch die Inmarsat-Anbindung. Andernorts laufen die telefonisch übermittelten Daten über das Unterwasserkabel oder über Intelsat in FDM (Europa/Afrika in die USA auf 24.5 Grad West).

Wir wollten wissen, wie es dort mit der Daten-Sicherheit bestellt ist. Der Termin des Tests war günstig, da der Ausgleich für 1997 spätestens bis zum 15. April 1998 beim IRS sein musste und sich in den letzten paar Tagen vor Ablauf der Frist die Nachzügler drängeln würden. Wie das ganze System funktioniert, war nicht schwer herauszubekommen, denn IRS verschickt großzügig die TeleFile-Packages. Zwei wichtige Dinge enthält dies Paket: das Formular 1040EZ und die kostenlose 800er-Nummer in den USA für diesen Service. Diese Nummer ist dem Autor bekannt, wird jedoch hier — aus verständlichen Gründen – nicht veröffentlicht. Form 1040EZ ist nichts

TeleFile is an interactive computer program that allows qualified taxpayers to file a simple Federal tax return (Form 1040EZ) with IRS using the *TeleFile* toll-free number and a Touch-Tone telephone. The program will compute the amount of earned income tax credit for you if you are eligible. It also automatically figures the amount of your refund or balance due.

anderes als eine kleine Steuererklärung, die man vorher ausfüllt, um danach die Daten schneller ins System eintippen zu können.

Inmarsat

Eigentlich hören wir im S-Band nur die Kommunikation von der Feststation zur Mobilstation, doch gibt es eine Ausnahme: auf der Frequenz 1534.350 MHz sind immer wieder Mobil-nach-Feststation-Signale zu finden. Nun wird niemand Tag und Nacht vor dem Empfänger sitzen, um eine gewünschte Kommunikation mitzubekommen. Der AR5000 — unser Refe-

Highlights of TeleFile

- **Quick** - file your taxes in about ten minutes from the privacy of your home
- **Fast Refunds** - receive your refund in half the time - even faster with Direct Deposit
- **Easy** - one phone call is all it takes and the instructions are simple
- **Secure** - security and privacy are assured
- **Error Free** - math is automatically done by computer
- **Proof of Filing** - proof of filing is received before you hang up the phone
- **Nothing to mail** - stamps or envelopes are not needed

Best of all, *TeleFile* is Free - The call is toll free and available 24 hours a day, seven days a week.

renz-Receiver — ist mit einem DTMF-Dekoder ausgerüstet. Dieser erkennt an der Tonfolge angewählte Telefonnumern. Geeignete Software aktiviert bei einer vorprogrammierten Nummer einen Rekorder, und der heimliche Lauscher bekommt als Belohnung nur die Telefonate, die mit dieser Nummer geführt werden.

Der Autor hatte Glück. Noch am selben Abend wurde die bewusste 800er-Nummer angerufen. Ein weibliche Computerstimme meldete sich und fragte nach der Sozialversicherungsnummer SSN („Social Security Number"; so eine Art fiskalische DNA) des Anrufers. Die tippt unser Steuerzahler ein, und brav wiederholt der Computer die Nummer. Dem böswilligen Lauscher wird der erste Schlüssel des Safes überreicht. Danach wird der Name und die Adresse des Anrufers durchgegeben, die der nun wieder per Tasten-

PRINTED DAILY AND IT'S FREE!

DEPARTMENT OF THE TREASURY — INTERNAL REVENUE SERVICE

Presenting The Fastest, Easiest Tax Publication On The Planet

AND YOU DON'T HAVE TO RECYCLE!

THE DIGITAL DAILY

FASTER THAN A SPEEDING 1040-EZ . . . MAY 26, 1998 (324 DAYS UNTIL APRIL 15TH).

[Text Only Version]

IRS e-file

Your Direct Link To Electronic Filing.

The IRS Is Modernizing

Changes To Meet Your Needs Are Right Around The Corner.

Employment Opportunities

IRS WANTS YOU

Forms And Publications.

(It Pays To Stay In Good Shape With Your Taxes.)

IRS Discovers Cure For The Uncommon Tax Problem

Boy, Do I Need Relief!

MARLEY, MD. Longtime taxpayer Mark Maelstrom has been suffering from an unresolved tax problem for some time. What Mark doesn't know is that relief is available only a few miles away, at a nearby IRS office.

Tax problem solving experts at the IRS are hosting *IRS Problem Solving Day* as a new way to work with taxpayers to provide effective relief from the headache, fever, and that all-over achy feeling that accompanies long-standing tax problems.

So, if you're suffering from the symptoms of unresolved tax problems, don't delay! Relief is just a few miles away. Additional information about the *Problem Solving Day* is available here, without prescription.

druck bestätigt. Es folgt nun das Abfragespiel zu Einkommen, geleisteten Vorauszahlungen und anderen typischen Daten. Jede Eingabe wird vom Sprachcomputer wiederholt. Für den Mithörer wird der Steuerzahler langsam zum gläsernen Menschen.

Bis hierhin ist alles noch recht harmlos und schnell wieder vergessen, denn wen interessiert es schon, dass Charles C. X. junior US$48.000 im Jahr verdient und den oder jenen Betrag an Steuern bezahlt hat, oder noch bezahlen muss. Diese rein privaten Daten sind so peinlich wie der mitgehörte telefonische Ehekrach über ein Mobil-Telefon. Für den professionellen Schnüffler jedoch stellen diese Daten eventuell einen informativen Wert dar.

Hat unser Charles C.X. junior jedoch eine Rückerstattung zu erwarten, wird es kriminell. Der IRS-Computer vergleicht nämlich online alle eingegebenen Daten mit dem vorhandenen Bestand. Schlau wie er nun mal ist, erkennt er auch sofort die Höhe einer Rückerstattung und hat nichts besseres zu tun, als diese herauszuposaunen. Im Klartext! Und da der IRS-Computer nicht will, dass der im Ausland lebende US-Bürger einen Hungertod stirbt, bietet er auch noch die schnelle Rückzahlung an. Natürlich muss er dazu die Bankverbindung des Anrufers wissen. Nach Eingabe der Nummer vergewissert sich der Computer, ob er sich nicht verhört hat, indem er die Nummer artig wiederholt und um Bestätigung bittet. Irgendwie hat aber auch der IRS-Computer schon einmal etwas über Datensichheit gehört und teilt unserem Charles einen ganz persönliches PIN-Code mit. Der ist natürlich absolut geheim — nur leider für den Lauscher mithörbar! Abschließend erfährt Charles noch, dass er natürlich bestimmte Daten nachträglich verändern kann, zum Beispiel die angegebene Bankverbindung für die Rückerstattung. Dazu wird ihm eine weitere 800er-Nummer genannt und ihm mitgeteilt (Sicherheit muss sein), dass er sich in einem solchem Fall mit seiner Sozialversicherungsnummer und dem höchst geheimen PIN-Code identifizieren müsse.

Und genau hier öffnet sich die Tür des Safes für mögliche Abräumer. Ist der Rückerstattungsbetrag nur hoch genug, wird sich der unberechtigte Mithörer einschalten und über die 800er-Nummer und mit dem ihm bekannten SSN und PIN den Betrag auf ein eigenes Konto (irgendwo in dieser Welt) transferieren lassen. Und das eben nicht nur einmal, sondern gleich bei jedem Anruf. Bis es der beklaute Steuerzahler merkt, sind rund zehn Wochen vergangen, und irgendwo auf auf den Keyman-Inseln haben sich inzwischen einige Beträge angesammelt.

Nun darf man nicht dem Satelliten-Betreiber Inmarsat die Schuld geben. Dasselbe spielt sich auch im Telefondienst in FDM auf Intelsat ab. Die Schuld liegt bei den Sicherheitsorganen des IRS; eigentlich eine recht schlagkräftige Truppe, doch eher beim überfallartigen Besuchen säumiger Zahler als beim Thema Datensicherheit. Der Geschädigte ist nicht der IRS, sondern in jedem Fall der einzelnen Steuerzahler, da er nicht beweisen kann, seine persönliche Daten nicht Dritten zugänglich gemacht zu haben.

Fax

Ist der Einbruch in das TeleFile-System schon mit einfachen „Bordmitteln" möglich, so werden sich Berufskriminelle auch ohne weiteres im ebenfalls angebotenen Fax-Service des IRS über Satellit bedienen können. Der Aufwand ist zwar etwas größer, doch werden bereits im Internet entsprechende Lösungen diskutiert und auch angeboten. Im Fax-Service geht es oft um wesentlich größere Beträge, da dieser Service es erlaubt, zusätzliche Formulare zu übertragen, die Bezug haben auf diverse zusätzliche Einnahmen, Vorleistungen und somit höhere Rückzahlungen.

4 LITTLE BROTHER IS LISTENING

Wenn es je eine Saure-Gurken-Zeit gegeben hat, dann war es der letzte (sogenannte) Sommer. Alles, was in Nordeuropa Beine und Räder hatte, flüchtete vor Kälte und Regen in südlichere Gefilde. Die Geschichte Crime Search hatte ein wenig Staub aufgewirbelt, und selbst das Landeskriminalamt eines deutschen Bundesland ließ sich danach beraten, denn sie hatten noch eine Leiche im Keller bzw. im Wald. Doch eine neue Story war das noch lange nicht.

Die speziellen Freunde aus Nigeria haben sich auch mal wieder gemeldet. Eine recht fadenscheinige Einladung ins Land musste ich dankend ablehnen, denn die Scum-Letter Mafia lebt noch.

Auch das Angebot, einen 250 kg schweren Meteoriten bekommen zu können (fiel angeblich im Niger runter und wurde von dort tätigen Nigerianern entdeckt), ließ mich kein Ticket kaufen. Da wartet man doch lieber auf die Eingebungen von oben. Ach ja, da war ja noch die Frau aus dem deutschen Rostock, die sich von einem Satelliten verfolgt fühlt und mich wiederum verfolgt. Mit der Forderung, da für Ordnung und Funkstille zu sorgen. Weiteres sei dem Leser erspart.

Meldungen einiger kommerzieller Unternehmungen, die nun eifrig Spionagefotos aus dem Archiv, oder mit einigen Tagen Lieferzeit von einem bestimmtem Fleck und zu einer bestimmten Zeit aufgenommen, anbieten sind keine Neuigkeit. Lustig ist das allerdings schon, denn das Auflösungsvermögen liegt im Moment bei ca. 3m und soll Ende des Jahres ca. 90cm betragen, während der angebliche Wissenschaftssatellit SPOT der Franzosen zwischen 5 und 10m liefert.

In Wirklichkeit wird dieser Satellit mindestens zur Hälfte durch das Militär genutzt. Wozu weiß kein Mensch, denn das Ding kann eine mobile Raketeneinheit nicht von einem Vorortzug unterscheiden.

Einem Berliner Professor kann dieser Satellit nur ein müdes Lächeln entlocken, denn das eigene Mikro-Satellitensystem (diesmal wirklich wissen-

schaftlich) ist um ein vielfaches billiger. Die mitgeführte Videokamera ist steuerbar und liefert ab Januar 99 gestochen scharfe Bilder von nahezu jedem Punkt der Erde. Da die Bilderflut auch noch frei empfangbar sein wird, werden die Dienste der einzelnen Länder wohl bei den Amateuren zur Schule gehen müssen, um zu lernen, die Daten/Bilder dieses Satelliten auszuwerten.

Endlich, Ende Juli kam es zur Begegnung mit der Vergangenheit. Seit langer Zeit war ich auf der Suche nach den Tätern, die kurz nach der Inbetriebnahme des deutschen DFS-FM1 sehr zur Überraschung des Eigners Deutsche Telekom im 12 GHz-Bereich dieses Satelliten herumspielten. Experten der Telekom konnten mit den Daten nichts anfangen, denn sie waren kodiert.

Die Lösung des Rätsels kam vor einigen Monaten während eines Gesprächs mit einem Anbieter von russischen Satelliten-Fotos. Der hatte sich damit als ehemaliger Techniker bei der Abteilung Aufklärung des ex-DDR-Geheimdienstes eine neue finanzielle Grundlage geschaffen. Angesprochen auf die seltsamen Daten via DFS-FM1, meinte er lachend, man habe damals einfach für ein paar Monate den westdeutschen Satelliten genutzt, um die Fünfer-Kodes sauber zu ihren „Kundschaftern des Friedens" in westeuropäische Länder zu transportieren. Schließlich war ein kleiner Spiegel auf dem Dach im Westen der Normalfall, das quietschende Kurzwellen-Radio somit überflüssig.

Per Zufall traf man sich im Mai auf der ILA98 in Berlin wieder. Spannend sind die Fachgespräche mit solchen Leuten allemal. Und diesmal kündigte er auch noch eine berufliche Veränderung an und versprach mir die Exklusiv-Informationen, wenn ein bestimmtes Projekt realisierbar ist. Und in der Tat kam der Anruf aus einem Hotel in Düsseldorf Ende Juli, drei Tage vor dem eigenen Ferienbeginn. Also rein in den TSI-Dienstwagen, eigentlich mehr aus rein privatem Interesse.

Das Projekt

Nein, einen Namen hat es nicht. Fest steht, einige ehemalige Mitarbeiter der ostdeutschen Aufklärung haben sich einen Kopf um die recht einträgliche Industriespionage gemacht. Man kann heute Bilder von jedem Hinterhof aus Satellitensicht bestellen und so auch den Vorrat eines Autoherstellers kalkulieren oder deren geheimnisvollen Teststrecken kontrollieren.

Was jedoch fehlt, ist der Zugang zur internen und externen drahtlosen Kommunikation. Diese spielte sich überwiegend im VHF/UHF-Bereich und im L-Band ab. Die Reichweiten sind – je nach genutzter Wellenlänge – durch im Wege stehende Gebäude oder durch den Horizont begrenzt. Nur nicht nach oben. So wurde festgestellt, dass die kleinen Leo-Satelliten selbst die Daten undichter Computersysteme empfangen können.

Anders als beim Militär, wo jedes Kabel in die Außenwelt gefiltert wird, ist man in der Industrie recht sorglos. Kleine Handfunkgeräte werden innerhalb größerer Industriekomplexe sorglos gebraucht. Handys sind heute im 900

und 1700 MHz-Bereich mithörbar. Die dafür nötige Technik ist inzwischen – fast frei – erhältlich. Jeder, der schon einmal aus einem Flugzeug in 12.000m Höhe einen Radioscanner benutzt hat, was zu Recht verboten ist, wird bestätigen können, dass die Informationsflut kaum noch zu bewältigen ist.

Die AWACS-Flugzeuge der NATO standen wohl bei diesem Projekt Pate, denn auch sie tun nichts anderes, als die Telekommunikation in Ziel-Ländern zu beobachten. Ein ziemlich teurer Weg, doch wen interessieren Kosten beim Militär?

Wirtschaftlich soll sich ein Abhördienst via Satellit lohnen. In den vergangenen zwei Jahren hat unsere Gruppe entsprechende Untersuchungen anstellen lassen. Natürlich würde Konzern A in den USA gerne wissen, was der konkurrierende Konzern B so von sich gibt. Oft helfen zu einer Beurteilung von Lagen oder internen Vorhaben nur einige aufgeschnappte Worte oder Daten.

Man denke nur an die kleinen drahtlosen Datenterminals, die hurtig alle internen Daten an den Haupt-Computer senden.

Technisch musste man sich einige Gedanken machen. Kein Problem ist der ferngesteuerte Breitband-Receiver an Bord des Satelliten und die steuerba-

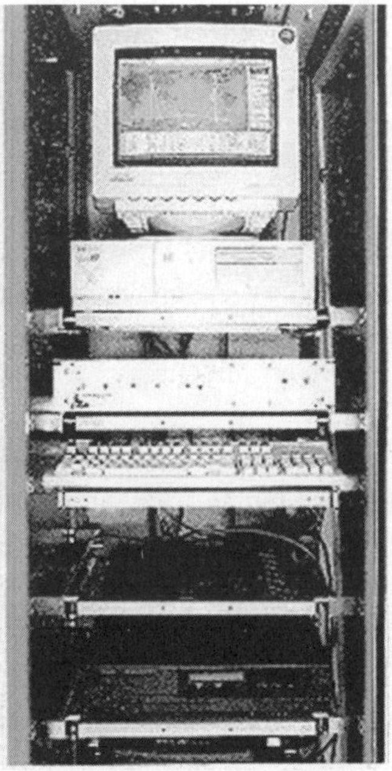

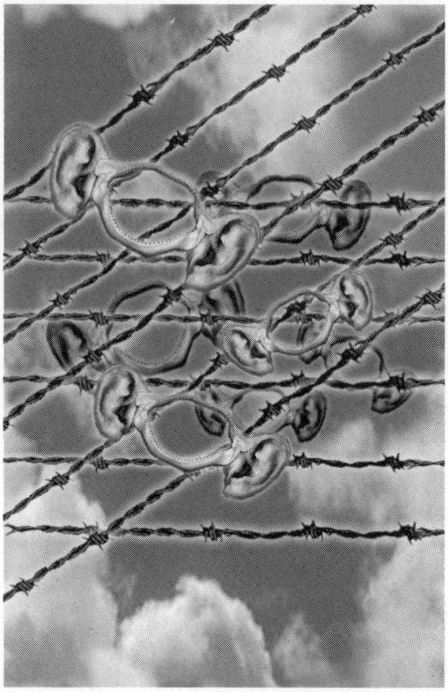

ren Antennen. Der Nachteil eines Mikro-Satelliten ist seine extrem kurze Verweilzeit über dem Zielgebiet.

Hier orientierte man sich einfach an einem früheren Einfall der Radio-Amateure. Die platzieren ihre Satelliten in eine Umlaufbahn mit niedrigem Perigäum (dem erdnächsten Punkt) und einem extrem hohen Apogäum (dem erdfernsten Punkt). Während des Apogäums steht der Satellit jedoch für Stunden über einem bestimmten Gebiet. So kann z.B. Kommunikation zwischen Australien und Europa für mehrere Stunden ermöglicht werden, denn während des steilen Auf- und Abstiegs ist der Satellit mehr oder weniger über ein und demselben Gebiet.

Die Übertragung der ausgekundschafteten Information erfolgt im VHF-Bereich. Wahrscheinlich im Bereich um die 149 MHz, denn viel Bandbreite wird nicht benötigt. Ein pikanter Fall ist die fällige Sendelizenz, die wohl kaum in Deutschland erteilt wird. So reitet man auf den fremden und doch ganz legal lizenzierten Wellen eines südosteuropäischen Staates. Zumindest auf dem Papier wird dort auch die Kontrollstation sein. Ein zweiter Horchposten etabliert sich auf einer karibischen Insel, verbunden mit Europa über einen normalen Kommunikationssatelliten.

Nicht weniger pikant ist der Schuss in den Orbit. Nein, den Russen traut man nicht (die werden doch wohl nicht böse Erfahrungen aus der Vergangenheit haben?). Die USA-Launch-Männer stellen zu viele Fragen und sind sauteuer. Und so wird der Launch in den Orbit wohl mit einer indischen Rakete erfolgen.

Der Mikro-Sat ist ab Oktober einsatzbereit, doch der Monsun-Regen lässt frühestens einen Start im Januar 1999 zu.

Wie sich die ganze Geschichte finanziert? Keine Ahnung. Vielleicht eine gesunde Anlage des verschwundenen SED-Vermögens? Andererseits dürften Interessenten aus der westlichen Wirtschaft noch wesentlich mehr auf der hohen Kante haben.

5 DLR-TUBSAT

Es gab da zwar einige Themen für diese Ausgabe der TSI, doch irgendwie waren die alle langweilig, und waren sie spannend, dann gingen sie voll am Thema vorbei. Langsam aber sicher fliegt beim Autor so alles in den Briefkasten, was nur irgendwie mit Spionage zu tun haben könnte. Da ist immer noch die Dame, die sich durch einen Satelliten verfolgt fühlt. Dafür ist nun mal Dominian vom WDR zuständig. Dann haben wir noch den Handel mit angeblich existierenden Meteoriten. Direkt aus Nigeria. Doch was hat das nun mit Satelliten zu tun? Interessanter war da schon ein Gespräch über den IOR-Inmarsat. Hier sollte irgendein guter Mensch mit völlig neuer Identität ausgestattet werden. Dazu waren ein Reisepass und ein Führerschein aus Belize nötig und ein „Patent". Ich nehme mal an, es ging um ein Steuermanns- oder Kapitäns-Patent. Auf jeden Fall wurde der Person eine URL im Internet mitgeteilt und vereinbart, die Zahlung von insgesamt US$57.000 über eine philippinische Bank laufen zu lassen. Die URL im Net gibt's tatsächlich: dort kann man sich mit Papieren bedienen wie am Grabbeltisch im Schlussverkauf. Auch keine Story, denn mehr als gerade das kann man darüber auch nicht schreiben, und wer will das schon nachvollziehen? Dann haben wir da noch eine Todesdrohung gegen den Autor. Irgendein Altmilitär aus dem für ihn zu sonnigen Kalifornien störte sich an der FleetSatCom-Story vom Januar 1998 und läuft nun mit dem Messer zwischen den Lippen rum. Also bleiben wir diesmal ganz friedlich und bringen etwas, an dem jeder einigermaßen gut ausgestattete Leser auch noch teilnehmen kann.

DLR-TUBSAT

Hätten wir vor vier Jahren geschrieben, es gäbe Satelliten, so groß wie eine Pizza und nur rund 40 kg leicht, bestückt mit einer Videokamera, die auf Wunsch auch noch in Nachbars Garten schauen kann, hätten sich die Schlapphüte aus München-Pullach sofort auf den Weg gemacht, um den abgrundtiefen Geheimnisverrat zu stoppen, denn solche Information können nur beim Verbündeten jenseits des großen Teiches aus dem Safe geklaut worden sein.

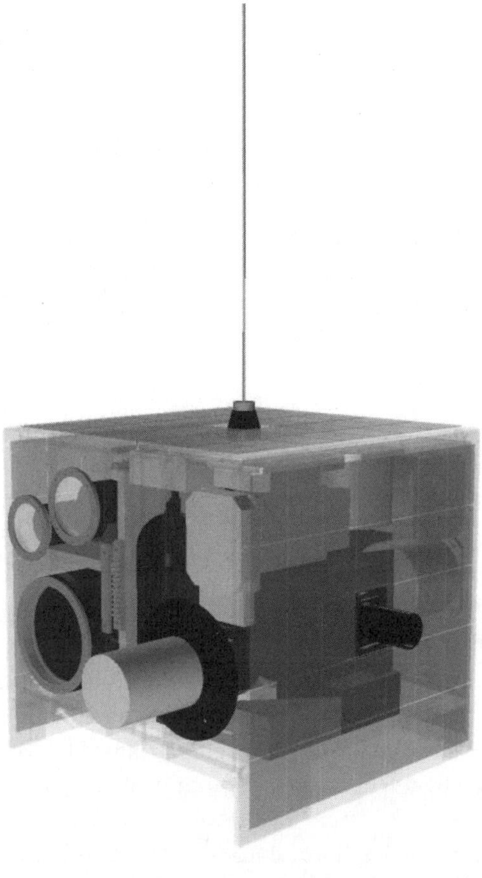

Dem ist aber nicht so. Ganz brav und vor allen Dingen ganz zivil gibt es einen solchen Satelliten. Startklar sitzt er auf einer indischen PSL V-C2 Rakete im ebenfalls indischen Shar-Launch-Komplex und wartet auf das Ende des Monsun-Regens. Und das wird Januar/Februar 1999 sein. Als Beipack wird er zusammen mit dem koreanischen KITSAT und dem Hauptkunden einen indischen Remote Sensing IRS-Satelliten ins All begleiten. Eigentlich war die ganze Sache schon für den September 98 geplant, doch kleine Nachbesserungen verzögerten den Start, und dann kam eben der Monsun.

Langweilig? Abwarten, erst einmal müssen wir das Projekt etwas näher beschreiben. Unser kleiner DLR-TUBSAT ist nicht auch noch fernöstlichen Ursprungs. Er wurde unter Leitung von Prof. Udo Renner an der TU Berlin entwickelt und ist wirklich extrem klein und leicht. Seine Kantenlänge beträgt gerade mal 32 x 32cm; voll bestückt wiegt er nicht mehr als 45 kg. Die Bestückung – entwickelt von der DLR – ist das Prachtstück, von dem die

TSI-Leser ebenfalls profitieren können: Eine Videokamera mit drei verschiedenen Objektiven, nämlich normal, Weitwinkel und Tele.

Das Normalobjektiv arbeitet mit 50mm und einem Farb-CCD-chip, die 16 mm-Weitwinkelversion mit einem s/w-CCD Chip und die 1000 mm-Tele-Linse ebenfalls mit einem s/w-CCD-Chip. Das wiederum macht Auflösungen von 370, 120 und 6m möglich. Hört sich nicht allzu toll an? Hier vergisst man, dass es um bewegliche Bilder geht, also echte Videoübertragungen, und da ist die 6m-Auflösung aus einer Flughöhe von 720 km mit der Qualität eines tragbaren Rekorders in einer Videokamera vergleichbar. Bei einer Auflösung von 6m mit dem Teleobjektiv wird bei 600 x 800 Bildpunkten eine Fläche von 4 x 5 km dargestellt. Das reicht aus, um im Fall eines Schiffsunglücks nach Rettungsbooten zu suchen, Vulkanausbrüche zu beobachten und Waldbrände zu entdecken. Straßen und Häuser sind zu erkennen; Autos allerdings nur dann, wenn sie mit Licht fahren. Die Kamera ist hochempfindlich, und man erwartet ausgesprochen gute Bilder während der Nachtzeit.

Da die Kamera ja auch die Bilder auf der Erde abliefern muss, hat man sich hierzu eine recht einfache, kostensparende und doch effektive Technik ausgedacht. Über das S-Band (zwischen 2,2 und 2,4 GHz) wird das Signal nach unten gebracht. Und zwar analog und in PAL! Das bedeutet für so manchen DXer: das inzwischen eingemottete S-Band LNB wieder ausgraben; und für den spezialisierten Fachhandel: der Ladenhüter ist keiner mehr. Der S-Band-Konverter liefert seine ZF an einen ganz normalen Sat-Receiver, und da die Abstrahlung auch noch in FM ist, wird dieser die TUBSAT-Signale auch brav akzeptieren und verarbeiten. Ein Problem wird

für viele die Antennengröße sein. An Bord befindet sich eine Helix-Antenne mit einem Öffnungswinkel von ca. 70°. Somit ist zwar die Streuung des Signals recht groß, doch dafür sind die Nachsteueranforderungen äußerst gering. Nachteil: wegen dieses Gießkannenprinzips geht ein beträchtlicher Teil der abgestrahlten Sendeleistung verloren.

Im Moment geht man in Berlin von einer Spiegelgröße von ca. 3m aus. Bei der niedrigen Frequenz reicht da auch der alte schlappe Mesh-Spiegel, doch die Größe ist nun mal nicht überall unterzubringen. Erste Tests direkt nach dem Start werden Auskunft geben, ob der Empfang möglicherweise auch mit gestockten Yagi-Antennen möglich ist. Daneben kann der DLR-TUBSAT auch digital senden, und zwar mit einer Transferrate von 125 kb/s (Biphase Level Encoded). In diesem Falle reicht ein 1,2m-Spiegel. Die Konstruktion des Feed ist recht einfach und kann im Eigenbau geschehen. Für die nicht so versierten Leser werden die bekannten Hersteller von kleinen Spezial-Antennen bestimmt sofort reagieren und geeignetes Material anbieten. Die Nachführung ist kein großes Problem., da der Satellit sonnensynchron fliegt. Dies erlaubt eine recht lange Zugriffszeit und macht den TUBSAT zu einem schnellen Lieferanten von aktuellem Videomaterial. Der Satellit fliegt in einer leicht gedrehten Flugbahn über die Pole. Er fliegt also immer auf der Achse zwischen Erde und Sonne.

Auf diese Weise kann jedem Kundenwunsch zur Beobachtung eines bestimmten Punktes innerhalb von 24 Stunden nachgekommen werden. Überfliegt der Satellit sein Kontrollcenter, bekommt er seinen Auftrag und die entsprechenden Koordinaten, und beim Überflug des Zielgebiets dreht er sich mit sehr großer Genauigkeit in Richtung des anvisierten „Opfers“. Ge-

steuert wird er dabei durch einen sog. Sternensensor auf der Satelliten-Rückseite. Der Sensor orientiert sich an den Sternenbildern und kennt so seine jeweilige Lage. Notwendige Drehungen erfolgen durch kleine Schwungräder im TUBSAT-Inneren. Angetrieben werden sie durch Miniatur-Elektromotoren. So könnte er schnell auf den Berliner Tiergarten gerichtet werden und hält trotz seiner sehr hohen Geschwindigkeit von 7,5km per Sekunde (24-fache Schallgeschwindigkeit) das Ziel sicher im Kameraauge. TUBSAT kann auch Standbilder liefern. Diese werden abgespeichert und beim nächsten Überflug an die Kontrollstation gesendet. Videos sind grundsätzlich live.

Preisbrecher

Dieses Gemeinschaftswerk von DLR und TU-Berlin ist ein – inzwischen vollbezahltes – Preiswunder. Der Satellit kostete etwa 400.000 Euro. Dazu

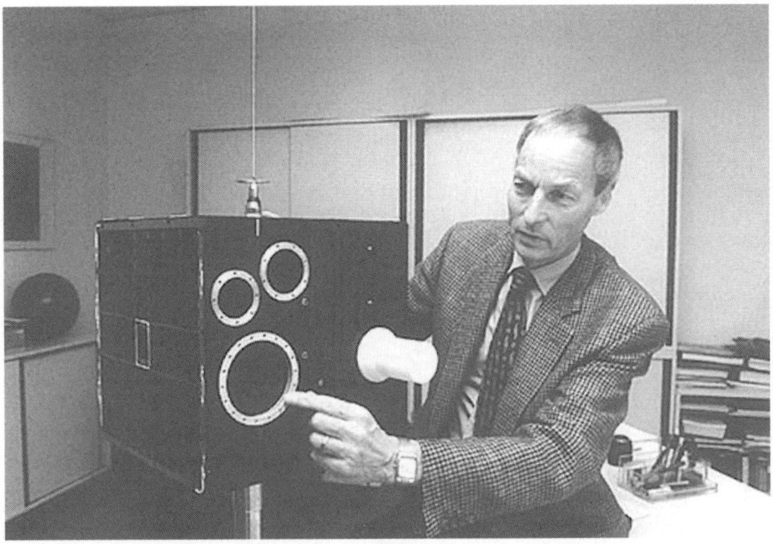

muss man allerdings sagen, dass Prof. Renner und sein siebenköpfiges TU-Team ihre Arbeitsleistung kostenfrei einbrachten. Die weitere Finanzierung wurde durch die DLR übernommen. Die Launch-Kosten erforderten nochmals denselben Betrag. Billiger gehts nun wirklich nicht. Und wie gesagt, bezahlt ist das ganze Vorhaben auch schon. Es müssen somit keine Kunden unter Druck gesucht werden.

Monitore gesucht

drdish@tv wird als erstes Medium gleich nach dem Start in einer Sondersendung dabei sein, erste Steuerbefehle an die Kontrollstation geben und dabei natürlich auch auf Zuschauerwünsche live eingehen.

Wichtiger jedoch ist die Suche nach geeigneten Amateuren, die in der Lage sind, Signale vom DLR-TUBSAT zu empfangen und die Bilder aufzuzeichnen. Hierzu wird auf jeden Fall eine Monitorstation in Berlin dringend gesucht, die unmittelbar nach dem Start (der Satellit ist sofort sendeklar) die ersten Bilder an die TU liefert. Aber auch auf weltweiter Basis werden solche Monitore gesucht. Entsprechend ausgestattete Interessenten sollten sich bei drdish@tv, Postfach 1153, D-52532 Gangelt oder per e-mail: drdish@drdish.com melden.

Die Zukunft?

Wurde für dieses Projekt noch eine vergleichbar preisgünstige Videotechnik eingesetzt, so ist damit zu rechnen, dass es in sehr kurzer Zeit solche

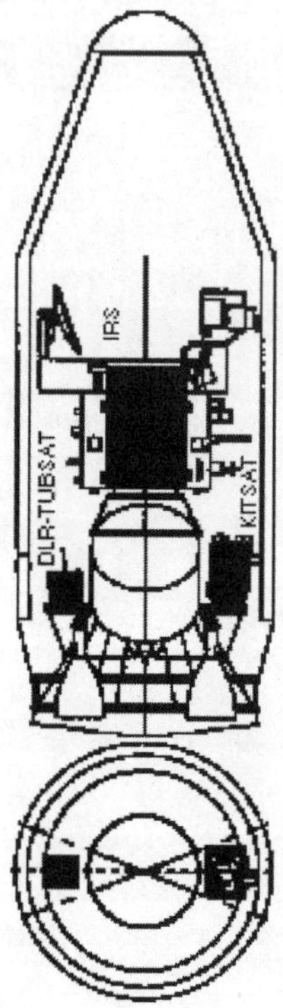

Low-Cost-Satelliten mit wesentlich besserer Bildauflösung geben wird. Den übermäßig teuren und den Steuerzahler plagenden Militär-Satelliten wird dann jede Grundlage entzogen sein. Noch wichtiger: nach Erscheinen des TSI-Reports, zur Suche von Täterfahrzeugen (in Mordfällen) Satelliten einzusetzen, meldete sich ein LKA-Mann beim Autor und berichtete von seinen Misserfolgen, bei offiziellen Stellen an entsprechende Bilder heranzukommen, obwohl sie vorrätig waren. Der Geheimniskrämerei der beamteten Schlapphüte wird so ein schnelles Ende bereitet.

Dasselbe könnte mit den Praktiken der Sat-Bild-Mafia geschehen. Pläne eines privaten Anbieters, drei Mikrosatelliten zu starten, dessen Sensoren bereits Objekte mit einer Seitenlänge von 30cm identifizieren können, sind dem Autor bekannt. Dieses Auflösungsvermögen steht den Militärs jedenfalls nicht zur Verfügung, auch wenn immer wieder andere Geschichten im Umlauf sind. Die nach den letzten Krisen aus einem militärischen Leck geplumpsten Bilder lassen jedenfalls solche Qualitäten nicht erkennen. Anders hätte man wohl eine Pharma-Fabrik nicht für eine Giftgas-Küche gehalten.

6 Dr. Dish: Einmann-Nachrichtendienst?

Die Berichterstattung zum Thema Spionage via Satellit innerhalb einer Serie erregt natürlich nach einiger Zeit Aufsehen. Zuerst sind es die Medien, die darauf aufmerksam werden und entweder einfach Inhalte klauen, oder brav auf die Quelle verweisen, oder den Autor sich gleich selber vor das Mikrophon oder die Kamera (siehe oder höre MDR, DW-TV, BR und andere) holen. Irgend jemand fragte den Autor, ob er vielleicht schon mal ungebetenen Besuch der Schlapphut-Dienste hatte, und die Antwort war: „Wenn die gut waren, habe ich es nicht bemerkt und ansonsten waren sie noch nicht da." Natürlich gibt es nach dem einen oder anderen Bericht obskure Post, e-mail oder Telefonate. Nach der Aufdeckung der Hintermänner in Sachen nigerianische Scum-Letter Mafia – die selbst heute noch in Regierungskreisen zu finden sind – gingen die Reaktionen von „...du bist ein toter Mann", über die freundliche Einladung, doch endlich mal dieses nette Land zu besuchen, bis zur ungefragten Öffnung einer eigenen Homepage bei Nigeria-Net im Internet.

Eine anerkannte internationale Fachzeitschrift wie die TSI wird natürlich auch in den Redaktionsstuben regelmäßig gelesen, und so ist der Wunsch nach einem Interview auch eine völlig normale Sache. Der Autor akzeptiert es oder nicht. Und wenn er akzeptiert, dann werden auch keine großen Nachforschungen angestellt, ob das anrückende TV-Team denn nun auch mit allen Credentials bestückt ist. Eigentlich war also kein Misstrauen angesagt, als sich im Herbst 1998 ein belgisches Team ansagte und vorgab, für die öffentlich-rechtliche BRT eine Dokumentation machen zu wollen. Das Zweier-Team sah aus wie jedes andere Team: der typische Kleinbus mit dem Equipment, Tonmann mit Pferdeschwanz und die Ausrüstung – vielleicht ein wenig zu neu – doch absolut professionell. Nur dass beide Typen ungefragt ihre Presseausweise und Pässe zückten und fast noch einen notariell beglaubigten Lebenslauf vorweisen wollten, hätte stutzig machen müssen. Vielleicht auch die zielsichere Frage nach den Möglichkeiten der Infiltration von innerer und externer Kommunikation eines Landes. Hier

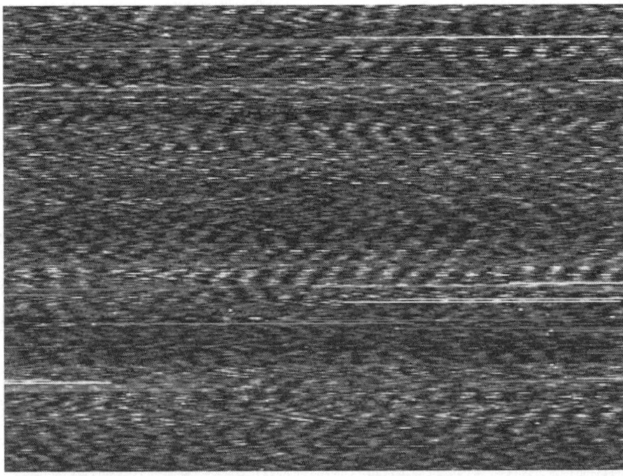

war man mit recht gutem Fachwissen bestückt. Na ja, eigentlich gut vorbereitet, denkt sich der Interviewte – ganz anders als manche andere Journalisten. Auch nicht schlecht, denn das vereinfacht so ein Gespräch erheblich. Hauptthema sollte die Industrie-Spionage via Satellit sein. Und als Land schlug man ganz unverfänglich Libyen vor. Eigentlich auch ziemlich natürlich, denn immerhin lebt dieses Land seit Jahren unter Embargo, und einige westliche Firmen verdienen sich durch das Unterlaufen des Embargos eine goldenen Nase.

Für den Autor zum Glück auch eine recht einfache Geschichte, denn hier sind die Zugangswege zur in- und externen Telekommunikation recht bekannt. Wenn auch unter internationalem Embargo, so hält das Land doch seinen Anteil an der Intelsat-Organisation und somit das Recht, dieses Satellitensystem zur Übertragung von TV, Radio, Daten und allgemeiner Kommunikation zu nutzen. Seit dem letzten TSI-Bericht zum Thema Libyen hat sich bei der Nutzung verschiedener Positionen und Satelliten nicht allzuviel verändert. Die Positionen 60°, 335,5° und 359° kommen in Frage. Hinzugekommen ist Arabsat 2B auf 30.5° Ost, und der hat es in sich. Seine Aufgabe ist es, die Kommunikation innerhalb der arabischen Welt aufrecht zu erhalten. Dementsprechend wenige TV-Signale gibt es dort. Eine Ausnahme bildet das libysche Fernsehen. Dafür gibt es hier die für Telefonie und Fax typischen FDM-Transponder, und die sind gut gefüllt mit einem Schwall von Telefongesprächen. Nach einigem Hinhören lassen sich diese Transponder auch bestimmten Regionen und Ländern zuordnen. Auch wenn's mit der arabischen Sprache nicht so klappt, so bleiben Ortsnamen nun mal Ortsnamen, und das hilft ein ganzes Stück weiter. Da der Autor in einem multikulturellen Land lebt, ist er der Hilfe eines Fast-Nachbarn sicher, und so bleiben die Inhalte der Gespräche auch nicht geheim. Schnell wird die Spreu vom Weizen getrennt, und es kristallisieren sich für Libyen die Frequenzen 3,792, 3,912, 3,942 und 3,960 GHz (linkszirkular) heraus. Bei den rechtzirkularen Signalen kommen noch 3,840, 4,129 und 4,140 GHz hinzu.

Äußerst interessant, meinten gähnend unsere zwei „TV-Journalisten“, doch wo bleibt die internationale Kommunikation? Auch kein Problem, entgegnete der Autor, sie müssten für diesen Job nur die nötige Geduld mitbringen. Die hätten sie, meinten beide unisono. Eigentlich hätten dem Autor nun die Ohren klingeln müssen, denn welcher Journalist hat schon Zeit und Ausdauer? Keiner!

Der große Spiegel wurde nun auf die drei wichtigen Positionen für die internationale Kommunikation „out of Libya“ gedreht und die Anlage für den

analogen SCPC-Empfang hergerichtet. Die libyische PTT nutzt die Stationen Tripoli-2 (Kennzeichen TPL-02A) Intelsat 603 auf 335,5°, Tripoli-3 (TPL 03A) Intelsat 604 auf 60° und Tripoli-5 und 6 (TPLI05G/TPLI06G) auf 359°. TPL-5 und 6 arbeiten als Lease. Und gerade diese beiden Satelliten stellen die Hauptverbindungen ins westliche Europa in SCPC und FDM her. Der Telefonverkehr läuft überwiegend in englischer Sprache, und schnell erkennt der Hörer, dass dieses Land gar nicht so sehr von der geschäftlichen Welt abgeschnitten ist wie es der US-Regierung recht wäre. Ob nun harmlose Dinge wie Papierrollen für den Zeitungsdruck, amerikanische (!?) Produkte aus dem Bereich Lebensmittel und Genusswaren oder ganze

Schuleinrichtungen für eine Universität oder Berufsschule, alles wird eifrig gehandelt. Ein deutsches Pharmaunternehmen (aus München) diskutierte die Zulassung bestimmter Salben mit dem libyschen Gesundheitsministerium auf recht vertrauten Fuß. Die Augen des Interviewers und Kameramanns (in Personalunion) wurden immer größer und die Ohren immer länger. Zeitweilig notierte er sich auch die angepeilten Frequenzen und wunderte sich immer wieder über die Einfachheit der Empfangsanlage. Der für den Amateur fast unbezahlbare AOR5500 erschien ihm eher als Billigangebot, und als er im Parallel-Betrieb auch noch den kleinen AOR8002 (Handy-Format) sah, kannte seine Begeisterung keine Grenzen.

Vom Leib-und Magen Lieferanten Koeditz-Nachrichtentechnik aus Kassel war gerade die erste richtig arbeitende Antenne für das P-Band angekommen und installiert, und der Autor wollte diese auch noch vorführen, da auf FleetSatcom-UHF-Satelliten das Abenteuer erst so richtig beginnt. Nein, das sei ja alles nur militärisch und interessiere doch keinen Menschen, hieß es. Ob wir nicht schnell wieder auf den Intelsat zurückkehren könnten. Etwas beleidigt kam der Autor dem Verlangen nach und erlebte als Schadenersatz eine echte Belohnung.

Qadhafis Tunnel?

Nach der Rückkehr auf die 359°-Position gab's eine kleine Überraschung, da versehentlich zwei FDM-Transponder miteinander verwechselt wurden. Offensichtlich aus Kenya kommend, telefonierte da jemand mit einem anderen englischsprachigen Teilnehmer, wie seine dauerhafte Ausreise aus Kenya nach Europa zu managen sei. Man lernt ja nie aus, denn der Kenyaner war ein ausgesprochener Internet-Kenner. Er teilte seinem Gesprächspartner mit, dass er einfach seine Identität auswechseln würde. So wollte er

sich vom Kenyaner zum Bewohner Martiniques in der Karibik wandeln. Im Internet werde die „Neugeburt“ für schlappe 60.000 US$ – bestehend aus Reisepass, Geburtsurkunde und Führerschein – angeboten. Alles echt und ungebraucht mit sauberem Namen. Spannend, doch nicht im Interesse der beiden „Journalisten“.

Hellhörig wurden sie erst wieder beim richtigen Transponder. Neben einigen Belanglosigkeiten lernten sie schnell, dass man so ziemlich alles nach Libyen bringen konnte. Erstaunlicherweise wurde immer wieder ein Transportbetrieb genannt, der nicht nur die Fracht aus England, Deutschland, der Schweiz und Irland übernimmt, sondern auch für die „richtigen Papiere“ und die Transportwege sorgt. Diese „Libya Freight Services“ mit Sitz auf Malta interessierte die Besucher besonders. Vor lauter Begeisterung Namen, Orte und Frachten zu identifizieren, überhörten sie ein Telefonat mit einem englischen Elektronik-Unternehmen. Es ging um die nicht besonders gut funktionierende Lüftung eines Tunnels. Nein, kein Eisenbahntunnel, sondern ein viele Kilometer langer Tunnel, der aus dem Untergeschoss eines Krankenhauses in die Wüste führte. Zumindest wurde als günstiger Service-Einstieg ein unverständlicher Ort in Richtung Jadu genannt. Als absoluter Termin der Erneuerung der Lüftungselemente wurde der 23.12.98 genannt, da am 24. ein wichtiger Feiertag sei und der Tunnel leer sein müsste. Weihnachten war da wohl nicht gemeint, ist doch der 24.12. der Unabhängigkeitstag des Landes (von Italien). Man kam überein, dass der englische Betrieb die nötigen Dokumente für die einreisenden Mitarbeiter nach persönlicher Anweisung von Secretary al-Muntassir (ein Omar Mustafar al-Muntassir ist der Secretary of Liaison & International Cooperation) von der Industrie und Handelskammer in Tripoli (Tel.: 21-33755) bereitgestellt werden. Sollte es hier tatsächlich um Quadhafis Tunnel gehen? Nach einer anderen Veröffentlichung zum Thema Libyen erreichte den Autor ein erster Bericht zu so einem Tunnel. Ein eigentlich sehr zuverlässiger Berichterstatter aus der Telcom-Branche will mehre Monate mit an diesem Projekt gearbeitet haben. Auch der Ausgangspunkt unterhalb eines Krankenhauses stimmt mit den Infos des Berichterstatters überein. Bekannt ist, dass Muammar Abu Minyar al-Quadhafi eines seiner vielen Verstecke unter einer Klinik hat. Beim US-Bombardement vor einigen Jahren wurde genau diese Klinik getroffen, doch nicht Qadhafi. Angeblich führt der Tunnel direkt in sein Wüstenzelt, in dem er sich gerne der Weltpresse präsentiert.

Mehr oder weniger befriedigt zog das Kamerateam nach etwa sieben Stunden wieder ab, nicht ohne ein Honorar hinterlassen zu haben. Die Höhe war korrekt und stimmte mit dem üblich schwachen Honorar öffentlich-rechtli-

LIBYA P.T.D. TRIPOLI Tel-218 21 601900 Tlx-20001 TRIPOLI 2 TPL-02A LBY ESC Voice-816 ESC TTY-TMTM [0-11/08/80][C-Band][C] [ ][ ][40.70]	[1or2 1or2][6 6][P P]	FDM/FM: 01/06/93 SCPC: 01/06/93 Video: 11/08/80	335.5	Step		Tx R/L Dual Rx R/L Dual
TRIPOLI 3 TPL-03A LBY ESC Voice-816 ESC TTY-TMTM [0-29/08/80][C-Band][C] [ ][ ][40.70]	[1or2 1or2][6 6][P P]	FDM/FM: 01/06/93 SCPC: 01/06/93 TDMA: 01/06/93 Video: 29/08/80	60.0	Step		Tx R/H Circ Rx R/H Circ
TRIPOLI 5 TPLI05G LBY Tel-218 21 605 014 Fax-218 21 605 011 [0-][C-Band][C 4] [5850/6425][3625/4200][21.26/21.11]	[ ][ ][ ]	Lease: 18/12/95	359.0	Man. Fixed		
TRIPOLI 6 TPLI06G LBY Tel-218 21 605 014 Fax-218 21 605 011 [0-][C-Band][C 4] [5850/6425][3625/4200][21.16/21.16]	[ ][ ][ ]	Lease: 15/02/96	359.0	Man. Fixed		
LITHUANIA MINISTRY OF POSTS & COMMUNICATIONS Tel-044 226 2840 VILNIUS 1 VNS-01G UKR [A-01/08/91][Ku-Band][C 3] [14000/14500][10950/11700][ ]	[ ][ ][ ]	SCPC: 01/06/93	359.0	Man. Motor		

Page: A-111

cher Sender ungefähr überein. Da man frei an die BRT zuliefere, könne man zum Sendetermin noch nichts sagen. Auch eine ganz verständliche Antwort. In den nächsten zwei Monaten geschah nichts. Die Überraschung kam nach einer Frage an die BRT. Dort hatte man weder einen Auftrag erteilt, noch war ihnen ein freies Team unter dem Namen „Scene“ bekannt.

Dann, in den ersten Dezembertagen, rief der „Kameramann“ und „Interviewer“ plötzlich an und bat um einen weiteren Termin. Man habe ein äußerst lukratives Angebot. Ein Journalist verdiene doch wohl auch nicht gerade ein Vermögen (da hatte er nun wirklich recht!) und es biete sich eine dauerhafte zweite Quelle an. Die etwas dümmliche Nachfrage der Autors nach dem nicht gesendeten ersten Bericht tat er mit einem „ach der“ ab und versprach, sich wieder zu melden. Seitdem herrscht erst einmal Totenstille.

Da aber der Reichtum den Autor wohl unbedingt heimsuchen wollte, meldete sich in einer e-mail ein Schreiber aus einem arabischen Emirat und bat den Autor, doch per e-mail etwas mehr von sich zu erzählen. Eine ganz legitime Frage, die es schon mal gibt, und dafür gibt es auch einen vorgestanzten Antworttext mit dem Hinweis auf die eigene und die TSI-Homepage. Das sollte eigentlich ausreichen. Tat es wohl auch, denn pünktlich beim wie üblich überzogenen Redaktionsschluß kam das Angebot aus einem Scheichtum, doch mit allem Wissen, Kind und Kegel in die Wärme überzusiedeln, um fortan einem Wirtschaftsministerium das System „Horch & Guck“ beizubringen. Und das auch noch zu einem wahrhaft fürstlichen Lohn.

Nur der Weinkrampf seines Verlegers ließ unseren Autor in der Kälte bleiben. Gegen kargen Lohn und freier Benutzung des firmeneigenen Iglus auf Grönland in den Ferien.

7 ALDI-Money

Katastrophen halten sich weder an Editorial Deadlines, noch haben sie irgendwelchen Respekt vor drohenden Verlegern. Und Satcom-Traffic mit „heißem“ Inhalt ist immer ein Zufallstreffer und erfordert viel Geduld – die kein Verleger hat – und zuverlässige Wasserträger, doch die haben im Moment auch nicht viel zu berichten.

Da gibt es zwar ein paar Gespräche via INMARSAT zu den Ungereimheiten des Amsterdamer EL-AL-Deasasters for einigen Jahren, doch eben nicht das Gelbe vom Ei, denn die niederländische Regierung wird mit ihren Freunden vom israelischen Verteidigungsministerium nun nicht gerade im Klartext über unsichere Kommunikationswege sprechen.

Und die hinter mir in den Wald gefallene Boeing 707 (KC-135) hat ihr Missgeschick auch nicht vorher über Satellit angekündigt...

Nach einer so langen Serie in der TSI und dem passenden Buch gibt es natürlich immer Zuträger mit allen möglichen Un- und Wahrheiten. Und da muss der Spreu vom Weizen getrennt werden und das erfordert Zeit.

Manche Informationen sind wirklich interessant, doch erfordern sie auf jeden Fall weitere Recherchen. So wird jeder Informant ersteinmal ernst genommen und dann wandern die zweifelhaften Dinge in den großen Papierkorb.

Namen von Zuträgern werden – ob gut oder schlecht – grundsätzlich vernichtet.

In der Januar-Sendung von drdish@tv stellte ich eine neue Antenne unseres Haus- und Hof-Lieferanten Koeditz-Nachrichtentechnik vor, die die Freude am FltSatCom-Empfang erheblich erhöhte.

Der erste Bericht zu diesem löchrigen Sat-System sorgte für einige Unruhe. Nicht so sehr wegen den ungewollten harmonischen Abstrahlungen einiger Rundfunksender in die Uplink-Frequenzen, sondern eher durch die Aufdekkung, dass italienische Radio-Piraten dies Satellitensystem als kostenloses

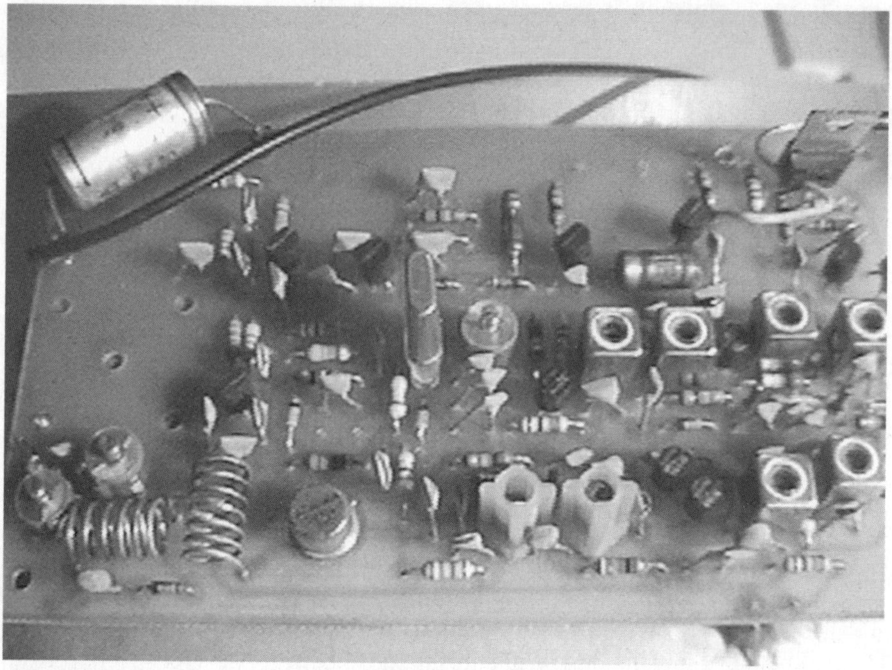

Telefon zwischen Italien und Argentinien (hier leben viele Familien italienischen Ursprungs) nutzen.

Ein home-made Transmitter wanderte auf Umwegen zur Begutachtung in unsere Redaktion.

Ein weiterer Leser klärte uns auf, dass die als russisch identifizierten Stimmen zum Teil in Wirklichkeit bulgarisch sind und der Inhalt der Gespräche einige Beachtung verdiene. Nun gut, erst einmal jemanden finden, der diese Sprache versteht. Nicht ganz einfach, doch da gibt es zum Glück die internationale Gilde der lizensierten Ham-Radio-Amateure und somit geht mein spezieller Dank an LZ x xx. Ohne seine tatkräftige Hilfe wäre dieser Bericht nicht möglich gewesen.

Wer diese Serie regelmäßig liest, dem ist die Up/Downlink-Technik der Flt-Satcoms oder UHF-Satelliten nicht ganz unbekannt. Der Shift zwischen Up- und Downlink beträgt bei einem der beiden Systeme (wir können sie nur schwer trennen, da der große Öffnungswinkel der Yagiantenne beide Satelliten auf ihrer europäischen Westposition einfängt) 53.6 MHz.

Der FltSatCom-Downlink liegt im Bereich von 243 bis ca. 270 MHz und das entspricht einem Uplink von etwa 296 bis 323 MHz. Bei diesen Satelliten handelt es sich um militärische Kommandosatelliten. Sie haben einen entscheidenden Nachteil und diese Fehlkonstruktion öffnet der Piraterie oder auch feindlich gesinnten Mächten mit High-Power-Sendern Tor und Tür: die Transponder sind frei zugänglich!

Mit geeignetem Sende/Empfangsgerät – und das baut jeder halbwegs intelligente Radioamateur selber – und einer kleinen Endstufe von 30 Watt ist halb-globaler Radioverkehr via Satellit möglich.

Dieser Umstand wird nun nicht nur durch Piraten genutzt, um die Telefonrechnung niedrig zu halten, sondern offensichtlich auch durch kriminelle Organisationen, denen der Gebrauch eines GSM-Handy viel zu gefährlich geworden ist, denn nichts ist heute schneller durch die Sicherheitsorganisationen zu verfolgen, als ein Handy-Gespräch. Selbst dann, wenn kein Abonnement vorliegt und die auffüllbare Karte anonym ist.

Wurde früher zur Abwicklung von recht zweifelhaften Deals und Transporten das untere Seitenband im 6 MHz-Bereich des Long-Distance-Flugfunks gebraucht, so lässt man sich anscheinend heute im Bereich militärischer Satelliten nieder. Die US-Navy merkt nichts davon, denn ihre Geräte sind auf bestimmte Frequenzen und auf eine bestimmte Mode (z.B. Data-Traffic) abgstimmt und so fällt da eine Voice-Kommunikation nicht weiter auf. Dem Hersteller ist dieser Umstand allerdings seit über einem Jahr nach der Veröffentlichung in TELE-satellite bekannt.

Die schmaleren 12.5 kHz-Transponder werden gerne von den Illegalen genutzt. Drei Kanäle fielen in den letzten Wochen besonders durch ungewünschte Besucher aus Bulgarien und Russland auf: 265.450, 269,940 und 269.8855 MHz.

Es sind offizielle FltSatCom-Channels, doch wird bei zwei Transpondern nicht in der Kanalmitte gesendet und es werden beim Transmitter offensichtlich etwas schmalere Filter (ca. 6 kHz) eingesetzt. Das käme auch mit dem dem Autor zugänglich gemachten Transmitter überein.

Die illegalen Sender werden wohl in kleiner Serie fabriziert, denn die Abdeckplatte ist mehr oder weniger professional beschriftet und die handbestückte Platine scheint einer Serie zu entstammen. Die Sendefrequenz wird durch einen auswechselbaren X-tal (Quarz) bestimmt. Als Empfänger eignet sich jeder handelsübliche Breitbandreceiver. Der dem Autor vorliegende Sender liefert ca. 1 Watt (FM) und es fehlt hier die externe Endstufe. Das Mikrophon ist eingebaut und wird Vox-gesteuert.

Zu ziemlich festen Zeiten wird durch die Bulgaren die Frequenz 269.8855 MHz genutzt, somit wird im Uplink auf 323.4858 MHz gesendet.

Handel und Wandel

Anscheinend geht es hier um den Traffic von zwielichtigen Händlern, die in westlichen Ländern die obskursten Waren einkaufen, bzw. gegen Waren tauschen, deren Funktion aus dem Sprechfunk nicht deutlich hervorging.

Ziemlich eindeutig war jedoch der Einkauf von Scannern, Printer und PCs in einem westlichen Land. Einige ungenaue Platzbestimmungen oder Namen weisen auf Deutschland hin. Mehrfach fiel im Zusammenhang mit PC und Zubehör-Käufen und Preisvergleichen der Begriff „gegenüber dem

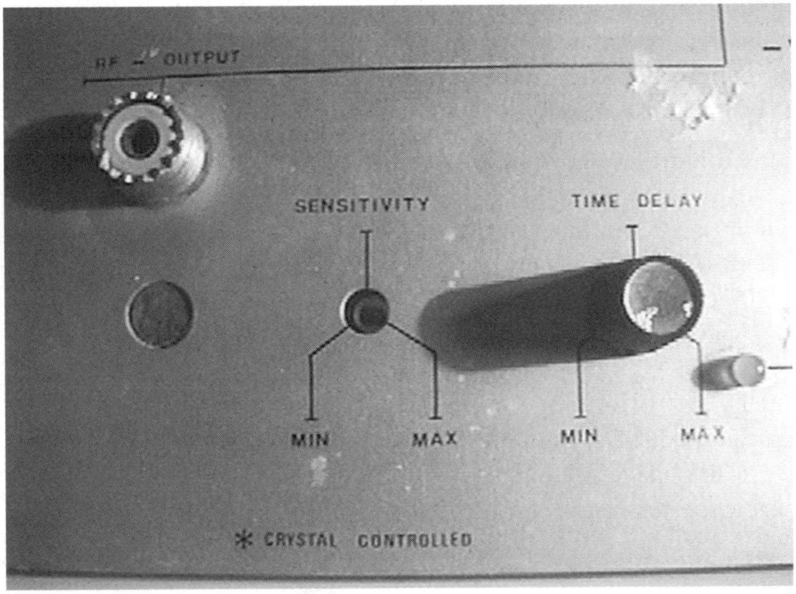

Bahnhof..." und das deutet auf München hin, denn in der Schillerstrasse (gegenüber dem seitlichen Bahnhofsausgang) tummeln sich PC-Anbieter aus allen möglichen Ländern und dort kann tatsächlich bei größeren Abnahmen richtig gehandelt werden.

Am letzten Donnerstag des Monats Januar 99 gegen 17:30h gab es ein aufgeregtes hin und her. Es ging um die Ware eines oder mehrer Einkäufer und Maßeinheiten. Hier musste Freund LZ x xx her.

Zum Glück gibt es das Internet und wenn auch das Soundfile etwas dick war und der Provider unseres bulgarischen Helfers vielleicht etwas sauer war, gelohnt hat es sich allemal.

Einen Tag später kam als e-mail ein Transkript:

1: „... die sind billiger zu haben und reichen aus"

2: „wo soll ich Sava (weiblich? d.Autor) denn hinschicken?

1: „gegenüber dem Bahnhof haben die bestimmt den 6100C (a), lass sie 8 kaufen. Dann können wir 72 verschiedene Nummern machen. Außerdem kannst du dir den Weg zu Vladi sparen. Der ist viel zu teuer und wir haben hier festgestellt ein 720 (b) bringt selbst das Silber bei den Kroaten raus. Was willst du mehr?"

2: „Gut, die beiden Pentium sind mit Vladi morgen auf dem Weg. Vielleicht schafft es Slava noch heute alle Dinge zu bekommen und dann ruf ich Vladi an zu warten, um auch das Zeug noch einzupacken. T-Formulare hat er noch. Warum müssen es Griechen sein?

1: „Ok, probier das mit dem Transport. Ich muss mich um das Papier kümmern. Slava hat da keinen Zugang und das Zeug von Igeba (c) taugt nicht. Ist viel zu steif. Zumindest für die Griechen. Wir wollen auch Kroaten haben, doch da arbeiten auch die kleinen Dinger mit Silber. Wird aber mit dem 720 gehen. Und bei den Griechen kann man waschen. Macht es erheblich weicher und bei so kleinen Dingern achtet niemand drauf."

2: „Bis wann wollt ihr fertig sein?"

1: „Noch vor der Saison, denn ich habe noch keinen neuen Transport, da Lem ausfällt und wir nur einmal im Monat transportieren können. Dafür aber alles auf einer Fahrt für beide Parteien".

2: „Ich klemm ab und bin dann ab Montag im Laden erreichbar"

(Der Rest ist privater Natur)

Inzwischen ergab sich bei der Identifizierung der angegebenen Nummern:

a: hier handelt es sich um einen recht hochwertigen Flachbettscanner von HP.

b: 720 steht wahrscheinlich für HP 720C und es geht da um einen Color-Inkjet-Printer der niedrigen Preisklasse.

c: „Igeba" wurde wahrscheinlich falsch verstanden. In Verband mit Papier lässt sich da nur eine Firma IGEPA" finden, die in der Tat Drucker-Papier herstellt. Es ist in großen Mengen im Handel.

Bei diesem Gespräch lässt sich schnell 2 und 2 zusammenzählen und man kommt auf die billigste Art und Weise Falschgeld herzustellen. „Bei „kleinen Dingern" meint man wahrscheinlich kleinere Werte und Touristen im Sommer achten gerade bei kleineren Noten nicht so sehr auf das korrekte Papier. Zumal sie auch nicht am Griff erkennen, ob sie echt sind oder nicht.

Sowohl in Kroatien, als auch in Griechenland existiert immer noch ein intensiver Umtausch bei fliegenden Händlern.

Eigentlich darf man es nicht, doch irgendwie muss die Geschichte doch nachgewiesen werden. Ein HP 720 und ein halb so guter Scanner waren

schnell ausgeliehen. Da der Umgang mit der genauen Farbanpassung noch nicht so gewohnt war, kam es bei den ersten drei Versuchen zu interessanten Fehlfarben-Produkten, doch dann entstanden klar und sauber kleinere Werte der beiden genannten Länder. Sie wurden sofort wieder vernichtet.

Und nun wusste der Autor auch was mit Silber gemeint war. Im Gegensatz zu kleineren griechischen Scheinen haben auch die niedrigen kroatischen Werte einen Silberstreifen. Der HP720 zeichnet ihn mehr oder weniger sauber nach!

Und auch die etwas geheimnisvolle Rechnung von 9x8=72 stimmt. Es passen von den niederigen Werten insgesamt 9 Scheine auf den Scanner und so ergeben sich bei 8 Scannern immerhin 72 verschiedene Seriennummern. Der Rest der Aufbereitung wird hier nicht erklärt.

Eigentlich unglaublich, wenn man bedenkt, dass den um vieles teueren Farbcopierern die Möglichkeit der Geldkopie genommen wurde, schafft es so eine Minimalausstattung. Allerdings geht es wirklich nur mit „Aldi"-Geld. DM, Euro, Gulden oder Pfund würden schnell als falsch erkannt.

Anscheinend ist dieser Umstand den Sicherheitsbehörden nicht ganz unbekannt, doch scheinen die Partner in den östlichen Ländern nicht immer bei der Bekämpfung mitzuspielen. Die Noten tauchen nicht in Deutschland auf und werden auch nicht via Deutschland transportiert. Somit besteht kaum Handlungsbedarf. Und der Großeinkauf von PCs, Scannern und Printer ist ja nicht verboten.

Also wird unser US-Kontakt auf die (telefonische) Reise geschickt. Das US House Banking Comitee hat sich schon vor einem Jahr zu ähnlichen Vorfällen in den USA beraten. Dazu befragt, sagt Dennis Lynch (Special FBI-Agent) und Falschgeldfachmann:

„1995 wurden nur 1/2 Prozent von Falschgeld elektronisch produziert. 1998 waren es bereits 43 Prozent. Besonders betroffen sind da die 20 Dollar-Noten.."

Inzwischen hat das PC-produzierte Falschgeld auch einen internationalen Namen: „P-notes" (sprich: Peanuts).

8 Satellitenklau?

Eigentlich hatte ich mich seit Wochen voll auf den Skandal rund um den Absturz einer El-Al Frachtmaschine vom Typ 747-258F über einem Amsterdamer Wohnviertel am 4.10.92 eingeschossen. Schnee von gestern? Eben nicht! Sechs Jahre klagten Überlebende aus dem Wohnviertel und damals eingesetzte Feuerwehrleute über Krankheitssymptome. Genau wie bei den kranken US-Soldaten, die am Golfkrieg teilgenommen hatten, wurden die Betroffenen mit fadenscheinigen Bescheiden (Nervosität, Berufskranke usw.) nach Hause geschickt.

Nebenbei stellte sich noch heraus, dass die Frachtpapiere der El-Al Maschine zum Teil nachträglich gefälscht waren. Teile fehlten, der Flugschreiber wurde von einem Feuerwehrmann geborgen, um dann für immer zu verschwinden. Man sprach auch von geheimnisvollen Leuten in weißen Schutzanzügen. Ganz nebenbei verschwanden oder verbrannten auch noch einige Tonnen schwaches Uran, das den Maschinen als Gewichtsausgleich dient.

Nachdem die Bevölkerung genügend Druck gemacht hatte, sah sich die niederländische Regierung gezwungen, eine parlamentarische Untersuchungskommission einzusetzen. Innerhalb nur weniger Tage widersprachen sich Zeugen; anderen logen, dass sich die Balken bogen; und der Rest wusste von rein gar nichts mehr. Für die El-Al, den Mossad und die israelische Regierung wurde es immer peinlicher. Inzwischen hatte ich mir auch das Band mit den letzten Funksprüchen der Besatzung und ein Video mit dem Radarbildern während der Absturzzeit besorgt, und als sich dann noch herausstellte, dass der Fracht-Jumbo nicht nur mit Tulpen aus Amsterdam herumflog, sondern den Grundstoff des Nervengiftes Sarin und Waffen an Bord hatte, wurde die Versuchung doch recht groß, sich in die Telekommuinkation zwischen Tel-Aviv und Amsterdam einzuklinken.

Der Mossad-Statthalter in Amsterdam und auch die El-Al Manager mussten eigentlich mit ihren Heimatzentralen einiges zu besprechen haben. In der Abteilung Yahallomim (eine Einheit im Mossad, die für die Nachrichtenverbindung zuständig ist), mussten die Drähte heiß laufen. Zum Hineinhören kam eigentlich nur eine Uplink-Station in Tel-Aviv in Frage. Sie sendet über 335,5° im abhörbaren Modus FDM. Die niederländische Gegenseite wäre dann BURUM1.

Um es kurz machen. Das erste Mal in vielen Jahren gab ich nach vier 18-Stunden-Tagen auf. Eine Menge Handel und Wandel wurde dort getrieben, und ich weiß jetzt auch, warum Papa Smuel in Amsterdam bleibt. Ganz einfach: er hat hier eine neue und viel jüngere Frau gefunden. Das war's schon.

Satellit geklaut?

Die Ruhe hielt gerade mal vier Tage. Der 28. Februar war ein ruhiger Sonntag, und vor 12 Uhr sehe ich eigentlich nichts vom Tageslicht. Freunde wissen das und halten sich brav zurück. Als gegen 10:30 Uhr das Telefon klingelte und von mir gewissenhaft überhört wurde, stieg dann die Wut beim dritten Versuch mich zu erreichen doch auf ein Maß an, das an Schlaf nicht mehr denken ließ. An der Nummer im Display wurde ein englischer Freund erkannt, der zunächst einige unverständliche Worte an den Kopf bekam. Als er allerdings berichtete, die englische Zeitung „Sunday-Business“ sei mit der Überschrift „Satellit Seizure, Blackmail reported“ erschienen, machte ich ihn sofort zu meinem besten Freund.

Während er den Bericht einscannte, um ihn dann als e-mail zu schicken, hatte ich über Reuters bereits den Abdruck in Händen. Angeblich hatten irgendwelche bösen Menschen einen von vier englischen Militärsatelliten unter ihre Kontrolle gebracht und forderten jetzt einen Haufen Geld. Zu schön, um wahr zu sein. Sicher, die Zahl vier stimmte, denn das war zu diesem Zeitpunkt genau die Anzahl der englischen Skynet-Satelliten (Nummer 5 war gerade erst gestartet worden).

In dem Artikel behauptete der Autor, Hacker hätten etwa 14 Tage zuvor den Kontrollcode geknackt und den Satelliten aus seiner Bahn gebracht. Das war eigentlich nur schwer vorstellbar, denn die TTC-Signale sind in der Regel recht sicher – bei kommerziellen Satelliten und erst recht bei ihren militärischen Brüdern. Zu aller Sicherheit wurden die Log-Daten von Jean Philipe Donnio kontrolliert. Hier gab es in der Tat leichte Abweichungen beim Skynet 4B auf 52.8° Ost. Dies sagte allerdings noch nichts. So blieb nichts anderes übrig, als diesen Satelliten eine Zeitlang zu beobachten und sich in der Wartezeit mit dem System vertraut zu machen.

Hierzu müssen die älteren und aktuelle TLE-Daten der NASA in ein entsprechendes Programm (z.B. STS-Orbit) eingegeben werden. Und hier gab

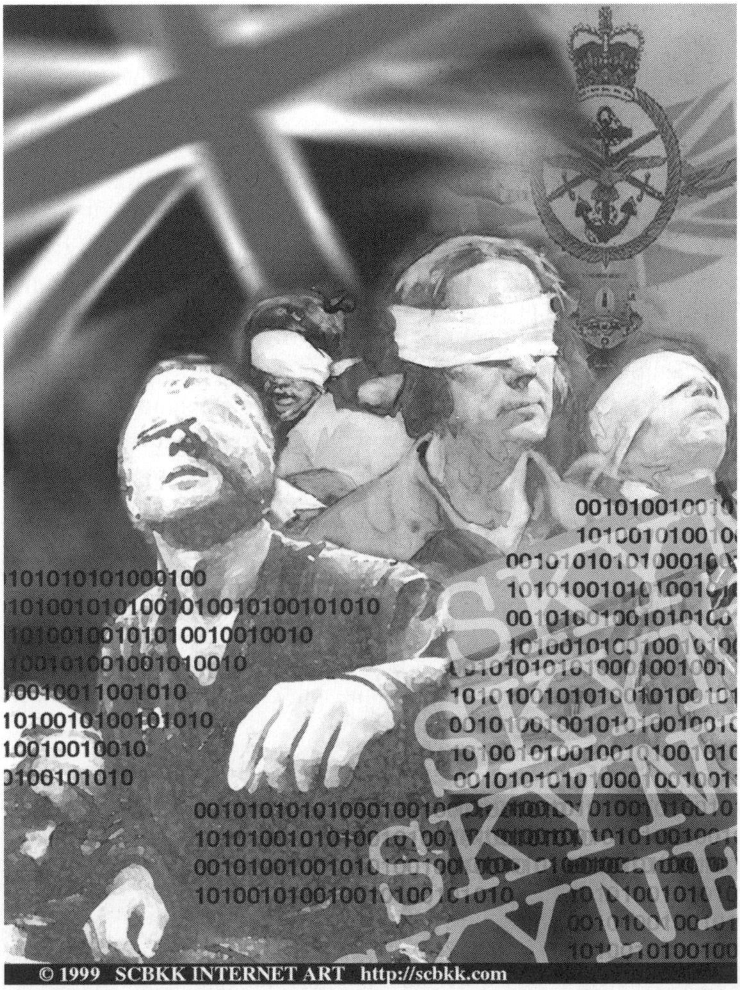

es dann gleich die erste Überraschung: die Daten waren alle älter. Seit dem 23. Januar gab es zu keinem Skynet aktuelle Daten. Zufall? Absicht? Wir wissen es nicht, jedoch üblich ist das bei der pingelig genauen NASA durchaus nicht. [Laut Dr TS Kelso, einem Pionier der Verbreitung von entsprechenden Daten im Internet, werden neue Daten nur bei Änderungen der Position von Satelliten um mindestens fünf Kilometer veröffentlicht – Red.]

Etwa eine Woche später gab es dann wieder aktuelle Daten, und schnell stellte sich heraus, dass die „Wanderschaft" des 4B sich in berechenbaren Grenzen hielt. Inzwischen berichteten auch die BBC und einige Nachrichtenagenturen über den angeblichen Vorfall. Der deutsche TV-Sender MDR versuchte jetzt daraus eine Sensation zu machen und beförderte in den Grafiken das arme Hubble-Scope auch gleich zu einem Militärsatelliten. Ein bezahlter „Spezialist" malte den dritten Weltkrieg ans MDR-Gemäuer, und der Moderator machte ein äußerst besorgtes Gesicht. Vom britischen Verteidigungsministerium MoD hieß es nur noch „kein Kommentar," und dann wurde es erstaunlich still. Nur in der TSI-Redaktionsstube nicht, denn zwischenzeitlich hatte sich der Autor alle Unterlagen zum Skynet-System aus seinem Archiv herausgekramt und seine eigene Theorie entwickelt.

Doch vor Veröffentlichung holte man natürlich als gewissenhafter Journalist die Meinung der betroffenen Seite ein. In diesem Fall war es das Ministry of Defence (MoD). Die erste Anfrage blieb unbeantwortet. Die zweite Anfrage wurde dann etwas mit bereits vorhandenem Wissen ausgeschmückt und siehe da, das lockte die MoD-Beamten hinter dem Ofen hervor. Es gab eine Gegendarstellung.

Erstaunlicherweise wurde da immer wieder über einen Journalisten mit dem Namen Robert Uhlig lamentiert. Es sei jetzt mal nicht wahr, was der da geschrieben habe. Skynet würden keine TV-Programme transportieren und die Satelliten auch nicht mit kommerziellen Firmen teilen. Ansonsten wurde rundweg abgestritten, dass auch nur ein Skynet abnormale Bewegungen

im Orbit mache, und dass es auch keinen Versuch gegeben habe, in irgendeiner Weise die Kontrolle eines Skynet zu übernehmen. Natürlich ist es Schwachsinn zu behaupten, Skynet würde TV-Kanäle haben und sich den ganzen Spaß auch noch mit irgendeinem Murdoch oder so teilen. Meine Meinung über den mir unbekannten Robert Uhlig konnte danach nicht die beste sein.

Ein kurzes Eintauchen ins Internet förderte unseren Robert Uhlig zu Tage. Er ist als wissenschaftlicher Korrespondent für den britischen Telegraph tätig, und schnell war auch in deren Archiv der entsprechende Artikel gefunden. Kein Wort gab es hier von TV-Kanälen und kommerzieller Beteiligung an Skynet (klingt ja so ähnlich wie BskyB). Nur dass offensichtlich nicht Skynet 4B betroffen sei, sondern der damalige Skynet 4A auf 34° West. Hacker hätten sich in den Kontroll-Link zwischen dem Hauptquartier und der Uplinkstation reingehängt und ihre Daten zum Satelliten transportiert. Die Schwachstelle im Uhlig-Artikel lag eher hier, denn es gibt keine Mikrowellenverbindung mit Tracking, Telemetry and Command (TTC)-Daten zur Uplink-Station in Oakhanger bzw. RAF Colerne (die er nicht kannte).

Merkwürdig nur, dass das MoD nicht auf diesen wirklichen Fehler in der Berichterstattung eingeht, sondern bewusst versucht, einen Journalisten zu diskreditieren. Ist die erste Hälfte der MoD-Gegendarstellung nicht wahr, warum sollte dann der zweite Teil wahr sein? So ganz unbekannt sind uns solche Gegendarstellungen auch nicht mehr. Nach Erscheinen der TSI-Story über die Löchrigkeit der FltSatcom-Satelliten der US-Navy gab es ein Riesengeschrei. Kann nicht sein, weil es nicht wahr sein darf! Und nach einigen Monaten gab es dann die Bestätigung der illegalen Nutzung dieser Satelliten durch Dritte.

Fakten

Eine kurzfristige, jedoch gefährliche Beeinflussung durch unbefugte Dritte der Skynets ist jederzeit möglich. Nicht durch mühsame und wahrscheinlich erfolglose Hackerei, sondern mit der äußerst wirksamen Brutalmethode, gegen die es auch keinen Schutz gibt. Die Satelliten arbeiten in den P, S, X und Ka-Bändern. TTC läuft über das S-Band auf der Frequenz 2.2.... GHz (die genaue Frequenz ist dem Autor bekannt, wird aber aus rechtlichen Gründen nicht veröffentlicht). Die RAF-Stationen Colerne und Oakhanger arbeiten als TTC-Stationen, und der Abstand zwischen den Antennen und dem Sicherheitszaun ist nicht groß genug, um nicht mit einem empfindlichen Frequenzmesser (z.B. Optoelectronics Scout) die Uplinkfre-

quenz zu ermitteln, bzw. die ZF der Station zu durchwühlen. So dicht sind die Stationen nicht.

Die entsprechenden Daten werden mit einem Hand-Scanner aufgefangen und auf einem kleinen DAT-Rekorder verewigt. Danach hat ein Eindringling nichts weiter zu tun, als die verschlüsselten Steuerdaten – deren Inhalt ihm nie bekannt sein wird – nochmals zum Skynet zu senden. Auch die Frage nach einem geeigneten Sender ist schnell beantwortet. Amateurfunker senden frequenzmäßig ganz offiziell etwas höher, und ein solcher Sender ist schnell überarbeitet und mit der nötigen Endstufe versehen. Natürlich geht das dann nicht mit einem Astra-Spiegel, doch wo fällt schon ein braver Alcoa-Spiegel von 2.4m auf, der in südwestlicher Richtung steht. Er könnte ja auch für den Empfang von Orion oder Hispasat vorgesehen sein.

Die Daten des illegalen Uplinks werden vom Satelliten natürlich als ungültig angesehen, da zwar einzelne Kontrollsignale in ihrer Kodierung und auch vom Inhalt her korrekt sind – denn sie wurden ja vorher vom Original kopiert. Daher stimmen für den Satelliten schon mal die Zeit und einige Zusatzdaten nicht. Er macht daraufhin das, was man ihm beigebracht hat: sicherheitshalber schaltet er in einen „Self Control Mode". Dies bedeutet, in diesem Moment macht er sein eigenes Stationkeeping und ist für eine Weile nicht von außen kontrollierbar. Auch seine sonstigen Funktionen werden auf ein Minimum reduziert. Unser Eindringling hat sein Ziel erreicht.

Die Bodenstation wird natürlich sofort wieder eingreifen, den Satelliten reaktivieren und die Kontrolle übernehmen. Da allerdings für den Eindring-

Subject: HACKING OF UK MOD SATELLITES
Date: Fri, 12 Mar 1999 17:41:02 +0000
From: MoD Press Office <press@dgics.mod.uk>
To: drdish@cuci.nl

FAO: Christian Mass

Contrary to reports you may have seen in the UK Press, no satellites belonging to the UK MOD have been interfered with or threatened by hijackers. All our operational traffic continues to be transmitted and received as normal, and there have been no unusual or unexplained interruptions in service.

Robert Uhlig is incorrect when he implies that we carry TV channels on the satellites mentioned; we do not. Neither do we share our satellites with commercial TV companies, nor do we, in the name of education, share our satellites with other users. Our satellites remain for the exclusive use of UK MOD and no other. They are highly secure, complex pieces of costly equipment which can in no way be compared with less expensive experimental satellites used by universities for instance. Lastly, the satellite footprint mentioned in the article would not be one typically used by the military.

We continuously monitor the performances and control responses of our satellites, and it is normal, routine procedure to confirm that no intrusions have taken place. Any attempt to interfere with the highly encrypted control systems on our satellites would automatically trigger an appropriate alarm.

There have been no such alarms and there have been no inconsistencies in the control system databases. All of our satellites have remained under our full control which has never been lost. Likewise, there have been no spurious movements and no unexpected communications effects. In short, the story as told in the Sunday Business article is without any basis whatsoever. I trust this answers your query in the wake of this erroneous article.

Yours,

Tom Rounds
Press Officer

ling die Entdeckungsgefahr recht klein ist, kann er sofort wieder mit seinem bösen Spiel loslegen, und so beginnt das ganze wieder von vorne. Sollte dies über einen längeren Zeitraum geschehen, so ist hier tatsächlich von einer Übernahme der Kontrolle die Rede.

Im Gespräch mit verschiedenen Fachleuten, die in den sog. Flight-Rooms von kommerziellen Satelliten-Betreibern und auch beim Militär tätig sind, wurde dem Autor immer wieder versichert, dass dies die einfachste und effektivste Möglichkeit ist, einen Satelliten zumindest teilweise unter fremde Kontrolle zu bringen. Ein Operator meinte: „Eigentlich haben wir seit Jahren damit gerechnet!“ Anzumerken sei noch, dass kurz nach dem Dementi vom MoD gegenüber TSI, den britischen Medien ein Maulkorb („nationale Sicherheit“) verpasst wurde. Fragt sich der unschuldige Leser: „Welchen Sinn macht es, Berichte über etwas verbieten, das angeblich nie stattgefunden hat?“

9 Gefährliche Irrflüge

Eigentlich hat mich das Thema GPS nie interessiert. Mag ja unglaublich spannend sein zu wissen, wo man steht. Und da ich mich weder auf Expeditionen noch in Kriege begebe oder gar ein Flugzeug habe, wurden selbst die verdammt gut gemachten Erfahrungsberichte mit solcher Gerätschaft in der TSI geflissentlich überlesen. Das alles änderte sich allerdings am 29. April 1999.

Einen Tag zuvor hatte eine NATO-Rakete der bulgarischen Hauptstadt einen Besuch abgestattet. Der materielle Schaden hielt sich in Grenzen, nicht aber der bereits geschädigte Ruf der Absender. Und diesmal konnte man sich auch kaum auf einen Stadtplan aus dem Jahre 1992 von Belgrad berufen. Das müsste dann schon eher eine alte Karte aus der Zeit der Schlacht ums Amselfeld sein. Immerhin liegt Sofia rund 50km von der serbischen Grenze weg.

Zumindest wollte ich jetzt schon mal wissen, wie denn das passieren konnte und ob es da nicht doch noch ein paar mehr Informationen gibt. Dank der informellen Morgengabe eines anonymen Wohltäters war ich inzwischen mit der Aufrüstung meiner Monitorstation auch etwas weiter gekommen, und so waren dem Inmarsat-System die letzten Geheimnisse entrissen. Dieser vortreffliche Dienst – eigentlich ursprünglich für die Seefahrt entwickelt – wird in den letzten Jahren immer mehr für die Notkommunikation benutzt. Die Telefone in Serbien sind so ziemlich lahmgelegt, und so kramen die Botschaften ihre alten A-Terminals hervor, um überhaupt noch das Heimatland zu erreichen, und Journalisten sind ebenfalls auf die Inmarsats angewiesen.

Auf jeden Fall gab es in den Vormittagsstunden des 29. April schon mal einen heftigen Verkehr zwischen Belgrad und Sofia. Verstanden habe ich kein Wort und mein braver Übersetzer (der die Banknoten-Geschichte vor drei Monaten übersetzte) war auch nicht greifbar. Also weiter mit der Suche nach verständlichen Sprachen. Nervenaufreibend, denn die Griechen scheinen mehr defekte Schiffe zu haben als Einwohner. Zumindest radebrechen sie überall auf Inmarsat und beschweren sich über falsche Ersatzteile und falsch eingebaute Elektronik. Endlich, gegen 14 Uhr fand ich meine lieben

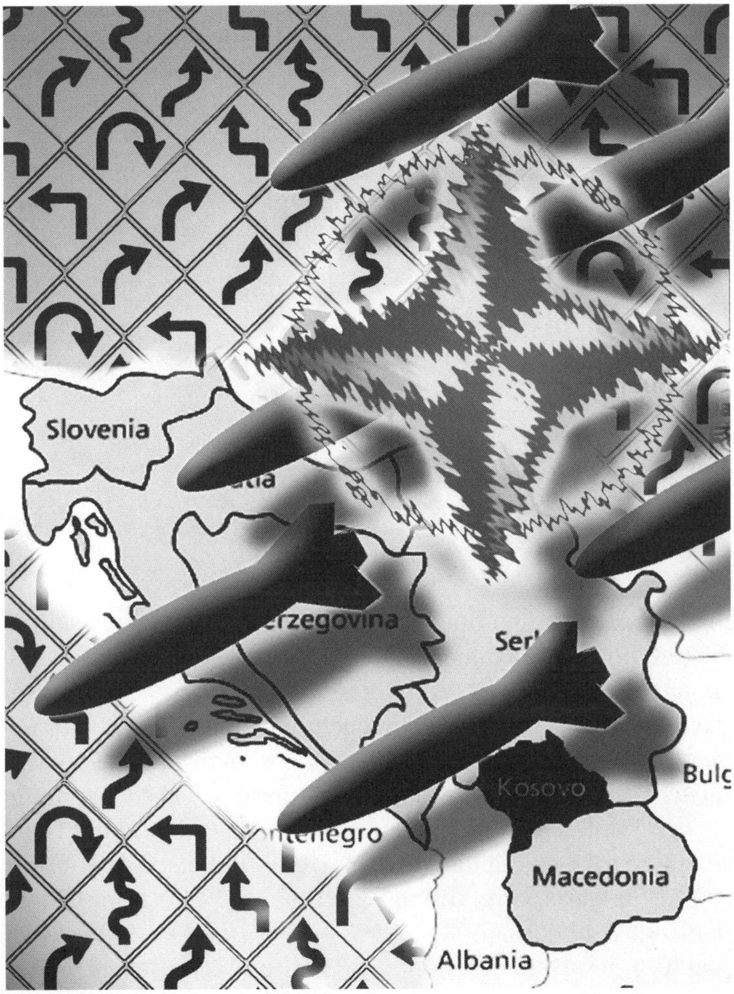

Reporter (u.a. eine Dame) eines bekannten Nachrichtensenders wieder. Sie sprach wohl mit irgendeinem Redakteur in einem Pariser oder Londoner Büro und ließ sich die Telefonnummer eines Colonel Tomanov geben. Hörte sich richtig bulgarisch an. Der sollte mehr Aufschluss geben können. Jetzt ist es bei Inmarsat nicht so, dass man auflegt und neu wählt, um dann wieder auf derselben Frequenz zu sitzen. Nein, die werden automatisch nach freiem Raum gesucht. Hier zählt dann Geschwindigkeit, um einen bestimmten Anrufer zu lokalisieren. Doch Frauenstimmen und dann noch ein breiter Slang fallen sofort auf, und so hatte ich meine Dame nach ein paar

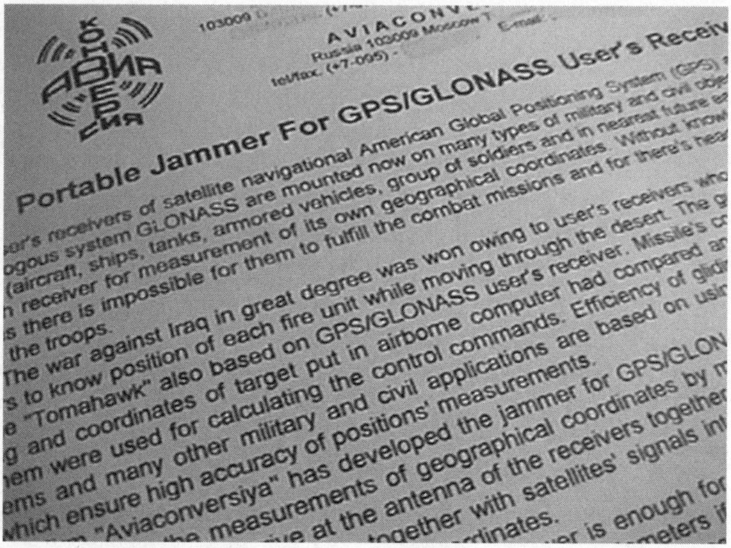

Minuten gefunden. Sie saß fluchend in einer Bürowarteschleife des Colonel Tomanov (ich hoffe, der Name ist richtig geschrieben). Als er dann endlich dran war, nahm er auch kein Blatt vor den Mund. Nein, das sei keine serbische Rakete gewesen, sondern wahrscheinlich eine AGM 88 Harm der US-Air Force. Minuten vor dem Einschlag habe man über der bulgarischen Stadt Varshets (nördlich von Sofia) einen amerikanischen Fighter entdeckt. Er würde den Piloten in der Luft zerreißen, wenn er ihn in die Hände bekäme. Schließlich sei es nicht das erste Mal, dass Raketen – mehr in Richtung Grenze – auf bulgarischem Grund einschlugen. Nach seiner Meinung sei der Fighter mit dem verdammten GPS ausgerüstet. Die Rakete nicht, denn die sei ein Typ gewesen, der sich auf Radar einlockt. Allerdings gab es in dem getroffenen Wohnhaus kein Radar. Nicht einmal eine Mikrowelle. Die Rakete in der Grenznähe vor zwei Wochen sei eine Tomahawk gewesen und stamme wohl von einem Navy-Schiff in der Adria, und die werde via GPS gesteuert. Jeder Idiot wüsste doch schließlich, dass es im freien Handel GPS-Jammer gäbe, und die zivile Luftfahrt könnte ein Lied davon singen.

Nach diesem Gespräch kannte die Neugierde keine Grenzen mehr. Wie, normale Flugzeuge navigieren mit solchen Dingern? Der Fachmann musste her und der fand sich schnell unter den Leuten einer US-„Bedarfs-Airline" gleich hinter dem Haus. Nachdem die uns vor einigen Monaten mit dem Absturz eines Tankflugzeugs erschreckt haben, ist die Informationspolitik erstaunlich großzügig geworden. Und so machte ich erst einmal einen

Crash-Kurs zum Thema GPS und bekam zweitens die Bestätigung über einige Totalausfälle der GPS-Navigation bei Verkehrsflugzeugen. Die haben immerhin gleich drei unabhängige Systeme an Bord, und doch gab es Ausfälle. Im letzten kam eine Maschine der British Airways über Frankreich in Schwierigkeiten, und einige Monate zuvor war es eine DC-10 der Continental im New Yorker Luftraum. Irgend jemand musste die GPS-Anlagen gestört haben, aber wie sich dann herausstellte, waren das keine Terroristen. Im ersten Fall spielte die französische Armee mit einem 4-Watt-Jammer herum und „vergaß“ vor lauter Aufregung, den Luftfahrtbehörden eine entsprechende Warnmeldung zukommen zu lassen. In den USA war es ein Test (wahrscheinlich ein Jammer aus der derselben Quelle) des US Air Force Research Laboratory Information Directorate („Rome-Lab“), und auch die vergaßen, eine entsprechende Warnung bei der FAA abzugeben.

Aus meinem Schnellkurs hatte ich begriffen, dass das ursprüngliche GPS zur Positionsbestimmung für das US-Militär entwickelt wurde. Nach dem Ende des kalten Kriegs wurde das System auch für den zivilen Gebrauch freigegeben. Allerdings kastriert in seiner Bestimmungsgenauigkeit und immer abhängig von militärischen Krisenzeiten. 21 Satelliten (plus drei in

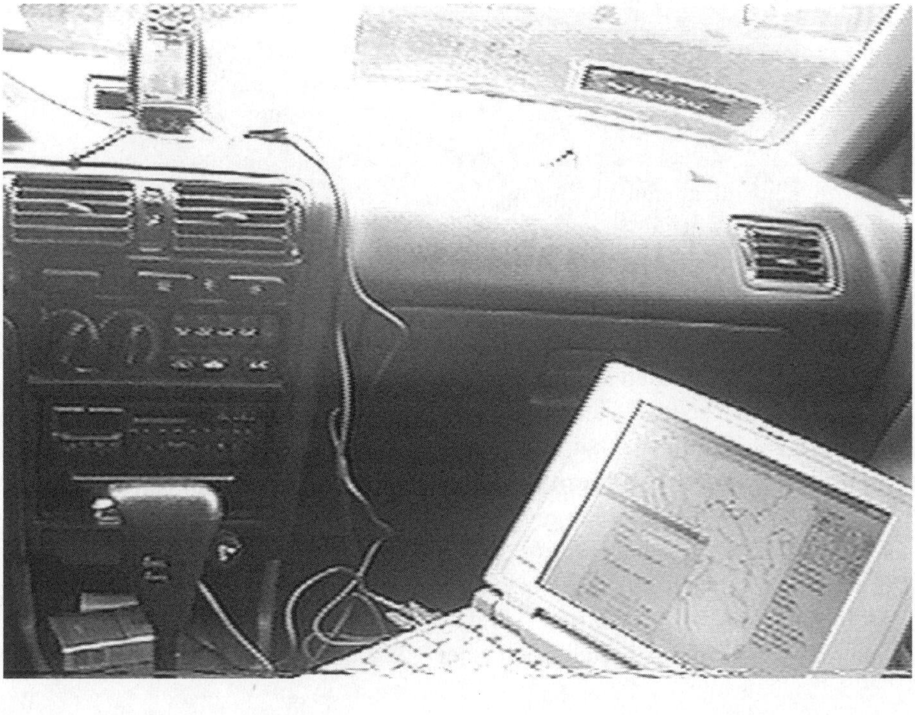

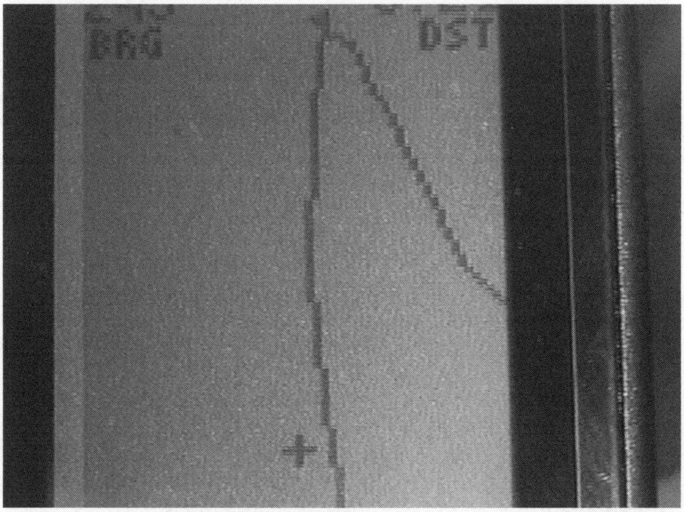

Reserve) umkreisen den Globus. Im Idealfall (und der ist zumeist gegeben) muss ein GPS-Receiver vier Satelliten „sehen“ können. Drei dienen der Berechnung von Zeit und Abstand zwischen dem Empfänger und den Satelliten, und Nummer 4 synchronisiert die Atomuhr im Satelliten mit der (nicht Atom-) Uhr im GPS-Empfänger. Im zivilen Bereich kommt man so auf eine Genauigkeit zwischen 15 und 50 Meter. Gut genug für die meisten zivilen Anwendungen. Empfangen wird auf einer der beiden GPS-Frequenzen, nämlich auf 1575,42 MHz (L1), während die Militärs für ihr sicheres und genaueres System zusätzlich auch über 1227,60 MHz (L2) arbeiten. Ganz

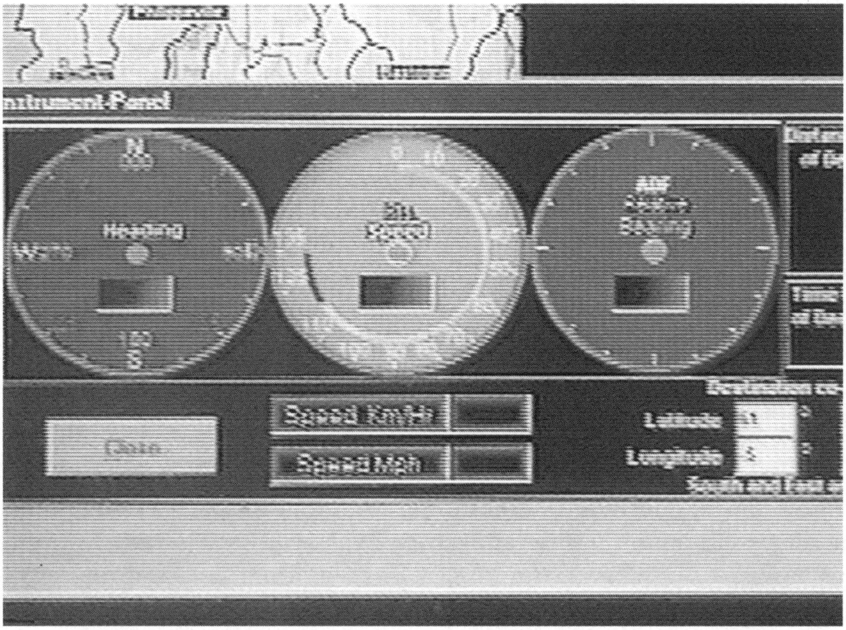

findige Ingenieure haben jetzt die eingebaute Genauigkeitsfalle überlistet, und so zeigte an dieser modifizierten Version schon ein Schweizer Flughafen sein Interesse für den gesicherten Landeanflug, da das dortige Instrument Landing System (ILS) Schwierigkeiten hat mit der topographischen Lage.

Die sonstigen Einsatzgebiete sind LKW-Tracking bei Speditionsunternehmen, das Auffinden geklauter Ferraris, Flugzeug- und Schiffs-Navigation und Expeditionen. Bei den Militärs ist es die Navigation von Flugzeugen, Schiffen oder die Navigation auf unbekanntem Terrain (Wüste) und die Steuerung bei verschiedenen Raketen-Typen. Die Russen nutzen (militärisch/zivil) ein äquivalentes System unter dem Namen GLONASS. Übrigens, die Aufregung der Franzosen und Amerikaner beim Test eines GPS-Jammers hatte einen guten Grund. War da angeblich doch ein böser Russe auf der Moscow Air Show 98 erschienen und stellte den verdutzten Vertretern des internationalen Militärs einen sog. GPS/GLONASS-Spoofer vor. Er sollte angeblich in der Lage sein, auch das militärische GPS zu stören und somit bei Lenk- und Navigationssystemen Raketen und Jets vom richtigen Weg zu bringen. Offiziell wurde und wird die Möglichkeit abgestritten, und auch der Name des Herstellers von diesem Stösender wurde krampfhaft geheim gehalten. Ziemlich peinlich dieser Versuch, denn jeder neugierige Journalist wird sich den Ausstellungskatalog der Luftfahrtschau besorgen, um dann festzustellen, dass es sich hier um einen Dr. Oleg Antonow mit seiner Firma Aviaconversija handelt. Dass unser Herr Antonow nicht ganz einfach zu finden und seine Firma nirgends eingetragen ist, ist eine andere Sache. Schnell bemühte sich auch die zivile Luftfahrt, auf die Sicherheit von GPS hinzuweisen. Leider bewiesen die militärischen Tests unbeabsichtigt das Gegenteil. Erstaunlich war nur, dass nur kurze Zeit später durch ein US-Unternehmen (Mayflower Comm.) ein Anti-Jam-System auf den Markt gebracht wurde. Es schränkt lediglich den Raum zwischen Jammer und GPS-Receiver ein. Offizielle Stellen in den USA hielten Dringlichkeitskonferenzen ab, und es gab Anti-Jamming-Seminare für die Ingenieure der Rüstungsindustrie.

Sollte etwa die Antonow-Entwicklung ihren Anteil an der Sofia-Bombardierung haben, oder war es einfach ein Pilot, der im Fach Erdkunde nicht gut aufgepasst hatte? Militärisch konnte ich es wohl kaum nachvollziehen, doch ziviles GPS musste man doch irgendwie testen können. Einen GPS-Receiver gab es im heimischen Elektronik-Keller nicht, dafür aber eine komplette Baubeschreibung. Also machte man sich einfach an das Sammeln der benötigten Bauteile. Zeitraubend war das schon, und der berüchtigte Redaktionsschluss stand schon wieder vor der Tür. Schließlich musste doch erst einmal das tägliche Brot mit der normalen TSI-Arbeit verdient

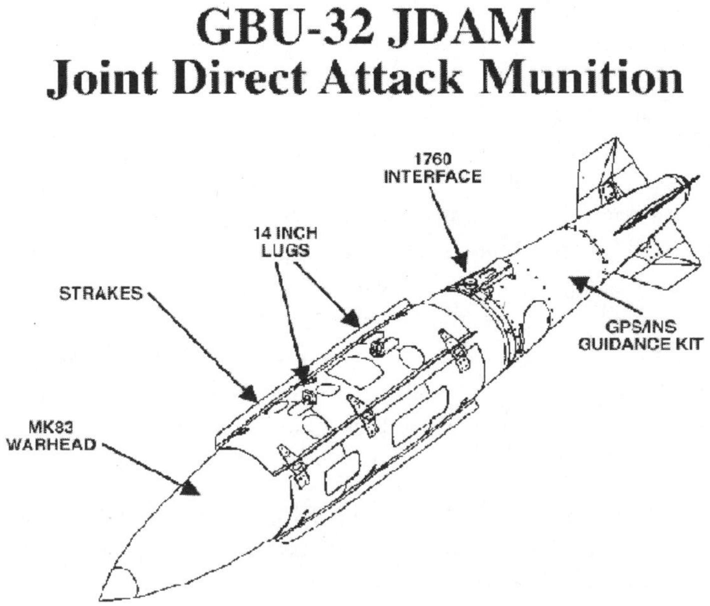

werden. Meine Unlust an dieser Art von Lohnschreiberei war mir wohl diesmal nur zu deutlich anzumerken, und so entschlossen sich Herausgeber und Chefredaktion, mir einen fertigen und recht aufwendigen GPS-Receiver zu spendieren.

Ein bekanntes Surplus-Unternehmen trug einen Puls-Sender (militärischer Restbestand) bei, und um jetzt nicht wirklich mit den Milliwatt einen Dritten ungewollt zu stören, wurde eine richtungsgebundene Helical-Antenne gebastelt. Die GPS-Anlage verschwand im Auto, und die Empfangsantenne saß mit einem Magnetfuß auf dem Dach. Erst einmal eine Proberunde, um das System in der Praxis zu begreifen. Nach dem Ende dieses Tests stand auf dem Display die komplette Route und selbst die Durchfahrt durch das Halbrund eines Kreisverkehrs war noch erkennbar. Zusätzlich gab es sogar noch Höhenangaben (im 3D-Modus) und – peinlich genug – die konstante Überschreitung der zugelassenen Höchstgeschwindigkeit. Das unbekannte Test-Land möge mir diesen Fehltritt und die folgenden verzeihen! Da der „Jammer“ nur im Milliwattbereich sendete, wurde für den endgültigen Test ein zweites Fahrzeug mit dem Sender eingesetzt. Es folgte im Abstand von etwa 100 Metern. Vorgesehen war die Fahrt auf einer Geraden und Umkehr im Kreisverkehr, um dann die virtuelle Autobahn auf dem Display einzuschalten und somit den Rückweg „blind“ zu finden. Genau ab dem Drehpunkt kam der Jammer in Aktion.

Nach etwa drei Stunden wurde das Testgebiet erreicht. Es liegt in einer Gegend ohne Flugplätze, und auch keine Luftstraße überquert dieses Gebiet. Die Fahrt zum Wendepunkt wurde sauber aufgezeichnet. Umschalten auf virtuelle Autobahn. Hier sieht der Fahrer aus seiner Sicht ein Stück Autobahn vor sich, und ähnlich wie bei einem Computerspiel muss er sein Fahrzeug auf der Fahrbahn halten, um so mit Sicherheit wieder den Ausgangspunkt der Reise zu erreichen. Wie verabredet wurde der Störsender am Drehpunkt eingeschaltet, und innerhalb von drei Sekunden wies uns unsere künstliche Autobahn einen Kurs an, der statt nach Süden in Richtung Osten ging. Um diesem Vorschlag zu folgen, wurde erst einmal eine Seitenstraße, ein verlassener Parkplatz einer Fabrik, ein Feldweg und wieder eine kleine Straße genutzt. Und als es wirklich nicht mehr auf dem Landweg weiterging, wurde das Experiment gestoppt. Die Abweichung vom korrekten Kurs betrug jetzt schon 6 km. Auf jeden Fall zuviel für einen dermaßen unprofessionellenVersuch.

Ein zweiter Versuch folgte am nächsten Tag am GPS eines Segelfliegers, der allerdings am Boden stand, und auf seinem Display standen lediglich die Koordinaten in Längen- und Breitengraden. Diese veränderten sich nach der Aktivierung des Puls-Jammers drastisch und lieferten reine Phantasiewerte.

Verständlich, dass nach diesem Versuch das Vertrauen bei GPS in einem Flugzeug drastisch nachließ. Zu hoffen war nur, dass das Antonow-System

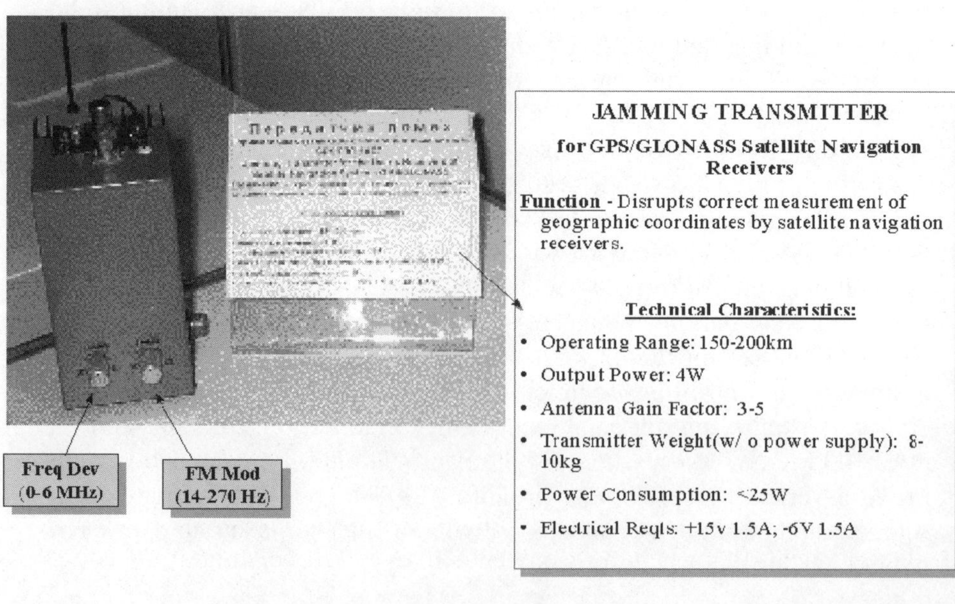

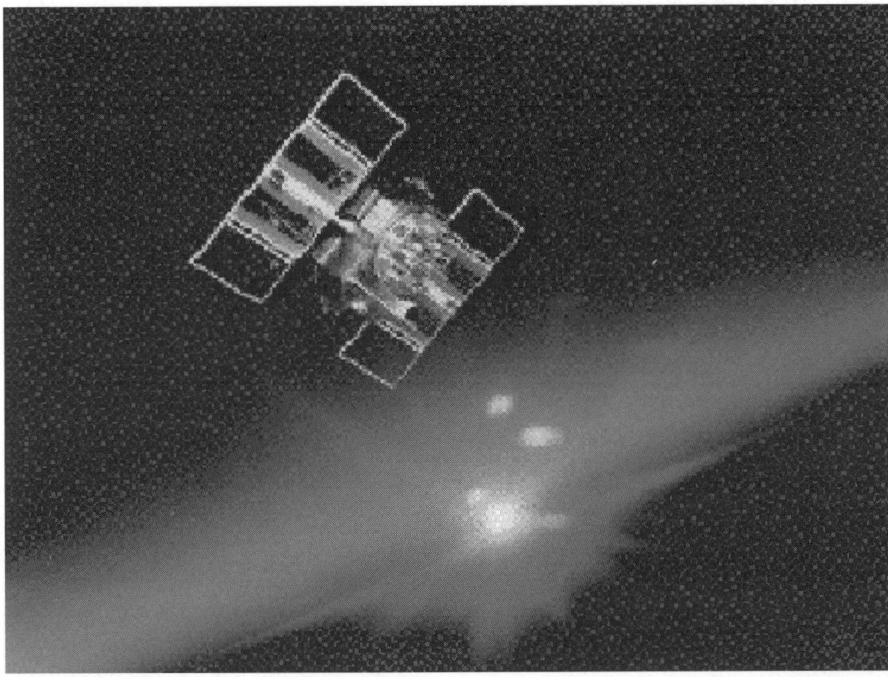

das militärische GPS nicht derart beeinflussen konnte. Dafür musste man den Mann allerdings erst einmal finden. Das Internet gab nichts her. Tausendundeine Suchmaschinen wurden bemüht und nichts passte. Es gibt zwar den berühmten Konstrukteur der russischen AN-Flugzeuge gleichen Namens, doch der hatte jetzt gar nichts damit zu tun. Also half nur noch die Bitte an die Subscriber vom Dr.Dish-Service im Internet. Und das war die Idee! Innerhalb von nur drei Stunden kam aus Moskau eine positive Antwort mit Telefonnummer und Adresse. Nicht lange fackeln. Gleich anrufen und siehe da, es war „unser" Dr. Oleg Antonow. TSI kannte er bereits und die internationale Leserschaft der Zeitschrift. Nach der Devise, es könnten da ja einige potentielle Kunden dabei sein, erzählte er munter drauf los. Das kleine 3,5 kg leichte Kästchen wird mit mit zwei Antennen geliefert. Die Rundstrahlantenne dient der Störung von „Tomahawks" und schließlich der erzwungenen Kurskorrektur. Die Antenne des integrierten GPS ist zwar zum Boden hin abgeschirmt, doch wird hier bei der geringen Sendeleistung von GPS-Satelliten mit dem Brecheisen gearbeitet. Immerhin liefert der Jammer bis zu 8 Watt und kann sich so der immer vorhandenen schwachen Side-Lobes bedienen. Das Original-Signal des GPS-Satelliten wird einfach platt gemacht. Bei Jets will man eventuell zwischen Feind und Freund unterscheiden, und hier wird dann mit gerichteter Antenne gearbeitet. Die Reichweite soll ungefähr 200 km betragen. Nach Kunden befragt, wurde der Herr Antonow schon etwas zurückhaltender. Ja, das System finde regelmäßig seine Abnehmer und auch Länder aus dem Nahen Osten und den Balkan-Staaten seien dabei. Offizielle Aufträge gebe es auch. So hat ein Land den Jammer im Einsatz, um den Drogen-Verkehr per Kleinflugzeug zu unterbinden. Die kleinen Maschinen fliegen zumeist tief und landen mit ihrer wertvollen Fracht in unwegsamem Gelände. Ohne GPS können sie ihren Weg nicht finden, und hier werden dann Jammer eingesetzt, die letztlich dazu führen, dass der Pilot die Orientierung verliert und notlandet oder aus Benzinmangel im Urwald abstürzt.

Ja, der Jammer sei frei verkäuflich, und der Bedarf muss nicht nachgewiesen werden. Rosige Zeiten für Kleinkrieger, Terroristen und Saboteure.

10 Datenklau via Satellit

Ob wir wollen oder nicht, diesmal müssen wir so richtig wissenschaftlich beginnen. Dass ein PC-Monitor und alle frei liegenden Verbindungskabel eine recht hässliche elektromagnetische Störquelle sein können, weiß jedes Kind, doch gerade Radio-Amateure können da ein Klagelied singen. Dass mehr dahinter steckt, wurde 1985 bekannt. Ein niederländischer Wissenschaftler namens Wim van Eyck beschäftige sich im Auftrage der PTT mit diesem Problem und veröffentlichte die Ergebnisse seiner Untersuchungen nach zweijähriger Arbeit in der angesehenen Fachzeitschrift „Computers & Security" im Januar 1985 unter dem Titel „Electromagnetic Radiation from Video Display Units". Er bewies, dass diese Störungen nichts anderes tun, als die sichtbaren Daten auf dem PC-Bildschirm wie elektromagnetische Wellen eines Senders in den Äther zu schicken. Die Öffentlichkeit nahm kaum Notiz von dieser Entdeckung. Nur die Geheimdienste, hatten sie doch eine Möglichkeit gefunden, Daten zu klauen, ohne gleich ein zweites „Watergate" zu verursachen.

Soll heißen: man brauchte keine Einbrecher und Spione mit menschlichen Schwächen mehr, die irgendwelche Disketten kopierten und Magnetbänder klauten. Mit dem nötigen Zubehör stellte man sich einfach in der Nähe des Opfers auf, richtete eine Yagi-Atenne auf das Objekt, und schon landeten die fremden Daten auf dem eigenen Videoband. Schnell bekam das Kind auch einen Namen: Tempest (Transient Electromagnetic Pulse Standard). 1990 ärgerte dann der Aachener Prof. Erhard Möller mit einer Schrift (Protective Measurements Against Compromising Electromagnetic Radiation Emitted by Video Display Terminals) die Geheimdienste. Dieses Papier zirkulierte schon wesentlich mehr in der Fachwelt. Doch Glück im Unglück für die Schlapphüte: Die potientiellen Opfer ihrer Schnüffelei dachten nicht im Traum daran, ihre Datenwelt nach außen hin in irgendeiner Art und Weise zu schützen. Und dabei blieb es eigentlich auch, vor allen Dingen in Europa. In den USA entstanden schnell Unternehmungen, die ein dickes Geschäft witterten und entsprechendes Anti-Tempest Gerät anboten. Meistens Filter und so eine Art Störsender, die die nach außen drängenden Daten unleserlich machen sollten. In Europa waren zu dieser Zeit eigentlich nur Fir-

men mit Tempest vertraut, die als Zulieferer des US-Militärs arbeiteten. Installateure von Sat-Empfangsantennen wunderten sich immer wieder, warum sie an bestimmten Gebäuden das Koaxial-Kabel am Hauseingang unterbrechen mussten und gebeten wurden, mal schnell Mittagspause zu machen. Danach war die Verbindung zwischen draußen und drinnen plötzlich intakt. Doch ein genauer Blick auf die Verbindung war nicht mehr gestattet.

So um 1990 gab's eigentlich für die Schlapphut-Abteilungen nicht mehr viel zu tun. Jahrelang hatte der geliebte kalte Krieg sie am Leben gehalten, und plötzlich wurde ihre Existenz in Frage gestellt. Also besann man sich und machte die alten Betonköpfe unter ihnen zu Aktenschiebern, und die noch Unfähigeren wurden in die Politik geschickt (Verteidigungsausschuß oder so). Jüngere und lernfähige Mitarbeiter sattelten auf Wirtschaftsspionage um, und plötzlich gab's richtig was zu tun.

Schon wieder Echelon? Eigentlich wollte ich mich mit dem weltweiten Abhör- und Mitschreibe-System der USA und des Vereinigten Königreichs (UKUSA) nicht mehr beschäftigen. In TSI berichtete ich vor einigen Jahren ausführlich darüber. Nach den Enthüllungen eines australischen Autors war das der erste tiefergehende Bericht in Europa. Nach einiger Aufregung hängten sich dann schnell ein Nachrichtenmagazin und eine Computerzeitschrift daran und machten die ganze Geschichte auf, als hätten sie gerade das Rad neu erfunden. Auf Quellenhinweise verzichtete man großzügig. Welcher Autor ist da nicht zutiefst beleidigt? Wir sind mal eine Rasse von absolut egoistischen Einzeltätern...

Im vergangenen Jahr erwachte doch wieder der Ehrgeiz, als Agentur-Meldungen über den Datenklau bei einem Hersteller von alternativen Energiequellen

berichteten. Das Unternehmen hatte eine „Windmühle“ entwickelt, die wesentlich billiger und dabei noch effektiver war als die bereits in der Landschaft stehenden. Zum Patent war die ganze Geschichte noch nicht angemeldet.

Man war kurz davor, um dann festzustellen, dass ein US-Unternehmen genau für diese Konstruktion gerade die weltweite Patentanmeldung erreicht hatte. Jahrelange Forschungsarbeit war für die Katz'. Weitere Untersuchungen ergaben, dass die Informationen nicht durch einen Maulwurf weitergereicht wurden. Eine Schwachstelle im Betrieb war allerdings die räumliche Trennung zwischen Entwicklungs- und Produktionsabteilung. Ein deutliches Leck, um einem Außenstehenden den Datenklau mit Tempest-Intercept Geräten zu ermöglichen. Allerdings wäre ein länger parkendes Auto hier aufgefallen, denn man ging immer noch davon aus, dass ein potentieller Datendieb schon recht dicht an der Quelle bleiben müsse.

Irgendwie reizte das Thema und neben meiner eigentlichen Arbeit (sorry, lieber Verleger, es musste leider während der normalen Arbeitszeit geschehen) machte ich mich über ähnliche Fälle kundig. Und siehe da, die norddeutsche Sache war kein Einzelfall. Am 28. April 1986 meldete die sowjetische Nachrichtenagentur Tass einen Unfall in einem Kernkraftwerk namens Tschernobyl. Weiter nichts, doch die skandinavischen Länder meldeten bereits überhöhte Werte der Radioaktivität auf ihrem Grundgebiet. Der US-Spionesatellit Keyhole-11 lieferte sehr schnell genaue Bilder von der Unfallstelle. Doch wie kamen die Amerikaner an Insider-Informationen, die eindeutig aus Sprachverkehr mit Walkie-Talkies (Sendeleistung: 200mW und weniger) und Computer-Inhalten bestanden? Keyhole konnte da nicht beteiligt sein, denn der hat nur gute Augen, jedoch keine Ohren.

Das französische Unternehen Thomson-CSF verlor plötzlich einen 1,4-Milliarden-Dollar-Deal an das US-Unternehmen Raytheon, und so erging es auch Airbus Industries. Ein fest eingeplantes Geschäft mit einem Wert von zwei Milliarden US-Dollar ging plötzlich und grundlos an Boeing und McDonell Douglas. In beiden Fällen lag das Gebot in letzter Minute nur minimal unter dem der Europäer. VW hatte sich von Opel (General Motors) zwar ein Plappermaul eingekauft, das gleich einige Koffer mit Opel-Unterlagen als Einstand mitbrachte. GMs Gegenantwort: man verfügte mit einem Male über VW-Unterlagen, die nicht von VW-Mitarbeitern stammten, sondern wahrscheinlich das Resultat guter elektronischer und somit unbeweisbarer Aufklärung waren.

Sollten diese Informationen vielleicht doch aus unsicheren Computern stammen? Vorstellbar war es eigentlich nicht, denn inzwischen sollten wohl die dümmsten Abteilungen für interne Sicherheit bei den größeren Unternehmen etwas über die Tempest-Intercept-Gefahren gelernt haben, zumal der US-Anbieter für Counter-Measurements Codex auch recht aggressiv für seinen Service warb. Da niemand da war, der einem diese Frage beantworten konnte oder wollte, wurde zu Testzwecken schnell eine entsprechende Anlage zusammengebaut. Das geht entweder ganz billig mit einem Aufwand von rund 50 Euro, oder mittelprächig mit einem Breitbandreceiver, einer guten Antenne, einem Multi-Sync-Monitor und einem Sync-Generator für die frequenzabhängigen vertikalen und horizontalen Synchronisati-

onsimpulse. Die direkte Abstrahlung erfolgt im Regelfall im Bereich 2-20 Mhz, allerdings verbunden mit immer noch recht starken Harmonischen. Die können im VHF und UHF-Bereich zu finden sein, und dieser ist leichter zu verarbeiten. Negativer (oder positiv, je nach Betrachtungsweise) Effekt der vielen Harmonischen ist, dass man sich je nach Ausbreitungsbedingungen das wirkungsvollste Frequenzband auch noch aussuchen kann. Die Erscheinungen kennt jeder Amateur oder CB-Funker, wenn er zeitweise im 10- oder 11-Meter-Band im lokalen Verkehr durch US-Trucker gestört wird und denen auch noch mit gerade mal 1 Watt antworten kann.

So ausgerüstet ging es auf eine kleine Spritztour (nicht meine Idee, sondern auf Vorschlag des Codex-Direktors Frank Jones). Als erstes meldete sich auf dem Bildschirm der Datenmonitor eines Krankenhauses auf deren Parkplatz. Die Rückenleiden aller Patienten sind mir bekannt. Äußerst peinlich dagegen schon die undichten Datenleitungen einer zentralen Datenerfassungsstelle, in der alle relevanten Bevölkerungsdaten (Krankenkasse, Finanzamt, Pensionskasse und sozialer Dienst der Gemeinden) erfasst werden. Huch, wo bleibt das Gerede über den Datenschutz? Keinen Schreck kriegen in Deutschland. Ihr seid es nicht! Doch dass etwa 40km weiter die Polizeidienststellen so undicht sind wie ein Teesieb (allerdings in einem Land mit entsprechender Tradition), hätte ich wieder auch nicht gedacht.

Die Abstrahlung konnte man teilweise unter Sendeleistung mit entsprechenden Werten abbuchen. Gut, das System arbeitet, das war bewiesen, doch das haben andere vorher wohl auch schon getan.

Was wir aber noch entdeckten (und dafür mussten wir gar nicht auf Achse gehen), dass im 2,4 GHz-Bereich unzählige PC-Daten herumschwirren, die mit einer guten Richtantenne zu empfangen sind. Das ist allerdings auch kein Wunder, wenn eine renommierte TV-Sendung wie der „Computer-Club“ des deutschen TV-Senders WDR den S-Band-Datalink als die Erfindung überhaupt propagiert. Und so mancher kleine aber feine Betrieb spart sich das Kabelgewirr und bietet dann gleichzeitig seine Betriebsgeheimnisse zum Nulltarif an.

Ruhe war wieder eingekehrt, und die tägliche Arbeit hatteVorrang. Nur solange, bis ein lieber Leser meines Internet-Dienstes eine X-Band Anlage gegen die Vergütung der Transportkosten anbot. Welcher Amateur aus Leidenschaft sagt da: „nein“? Keiner! Also her mit dem Zeug. Und das war immerhin eine komplette Empfangsstation im Bereich von ca. sieben bis acht GHz mit Feed und LNB. Parabol-Antennen gibt es hier genug, und zusammengebaut ist so eine Geschichte an einem Samstag-Nachmittag. Einziges Problem: die digitale Frequenzanzeige lief weg wie ein bayerischer Handkäs’ auf der sonnigen Fensterbank. Worauf muss man den Spiegel richten? Mit Hilfe eines normalen Ku-Feed und Receiver wurde der Spiegel erst einmal als Drehanlage ausgerichtet. Dann wieder zurück auf das X-Band

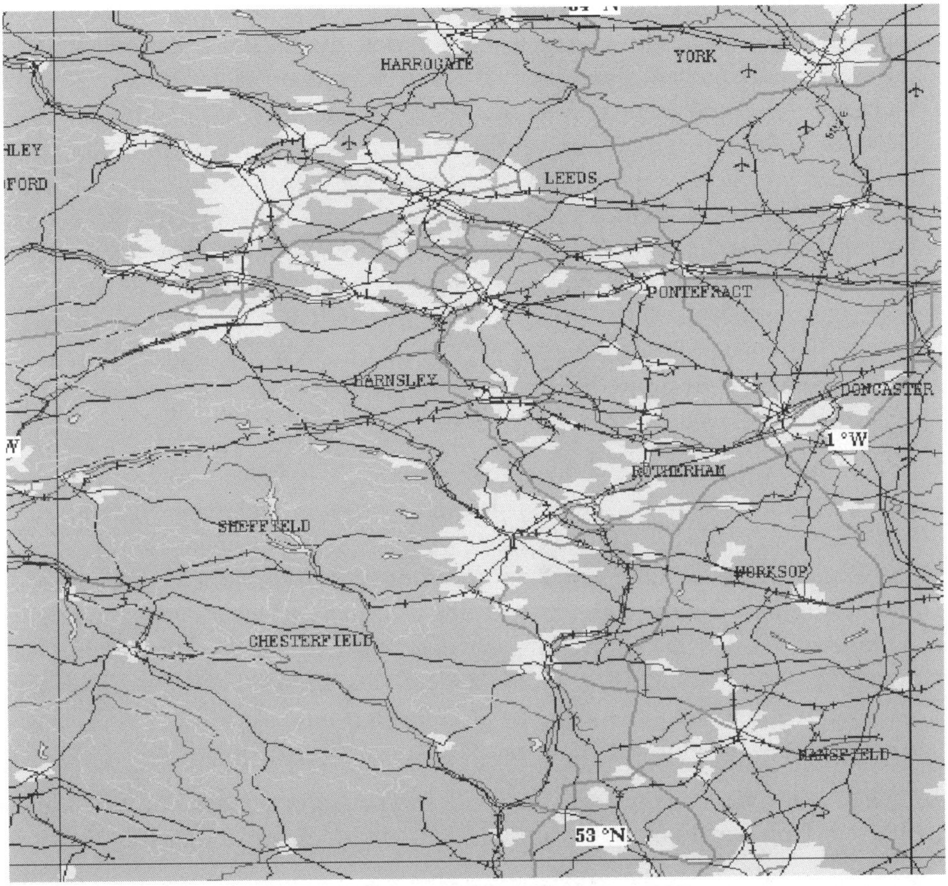

Prachtstück. Bekannt sind da eigentlich nur die USA (DSCS)-Satelliten der Amerikaner und das Skynet-System der Engländer. Sie nutzen das X-Band. Leider gibt es da keine bekannten Standardfrequenzen, und so ist das Ergebnis recht mager, nämlich undefinierbares Rauschen von Hochgeschwindigkeits-Datenübertragungen. Die X-Band-Receiver haben neben verschiedenen Filterschaltungen ein paar Audioausgänge und ein nicht protokolliertes serielles Interface.

Nach drei Tagen fruchtloser Spielerei wurde abgeschaltet. Dann kam endlich der Sommer mit den passenden Temperaturen, und das schöne Wetter verführte förmlich zu Experimenten an den Antennen. Die S-Band Antenne wurde im Offset neben das X-Band in den großen Spiegel geschraubt, um endlich mal einen IOR-Inmarsat im Osten anzuzapfen. Auch hier war das mit viel Sucherei verbunden, denn unser schönes konstantes AFN-Radiosignal auf 1537 MHz gibt es offensichtlich dort nicht, und frustriert wurde die Suche aufgegeben, die Antenne wanderte wieder nach Westen. Doch nicht den ganzen Weg, denn auf etwa 23° West gab der parallel laufende X-Band-Receiver einen deutlich wahrnehmbaren menschlichen Ton im tiefen Rauschen von sich. Stop und zurück! Und da war's. Auf mehreren Kanälen in Schmalband-AM völlig unkodiert Telefonate und Funksprechverkehr am laufenden Band. Es waren vornehmlich östliche Sprachen, doch auch englisch und deutsch (österreichischer Dialekt) kam vor. Den Inhalt der für mich verständlichen Sprachen kann ich hier nicht wiedergeben, doch ein großer Teil entstammte wohl dem Balkan und hatte nichts mit dem inzwischen beendeten Krieg zu tun. Alles hörte sich recht neutral und sachlich an. Vermutlich reine Business-Gespräche.

Haben Sie schon mal ein Videosignal gehört? Es ist unverkennbar – auch als Schmalband-Video – herauszuhören. Dieses in sichtbare Signale zu konvertieren ist keine Kunst, zumal wenn es um ein etwas schnelleres SSTV geht. Das Resultat der Konvertierung waren unsaubere, aber doch deutlich lesbare Monitor-Daten und der Informationsgehalt war prächtig. Zumindest für den jeweiligen Branchenkenner, und der war ich nur in einem Fall. Was hier lief, war nichts anderes als Tempest via Satellit. Nur welcher Satellit hatte so große Ohren? Selbst die sofort konsultierten Listen von Larry van Horn gaben nichts her, und die sind verdammt gut.

Es half alles nichts, hier musste mein Skynet-Informant nochmals dran glauben. Und der druckste herum und ließ gerade mal die Begriffe Vortex

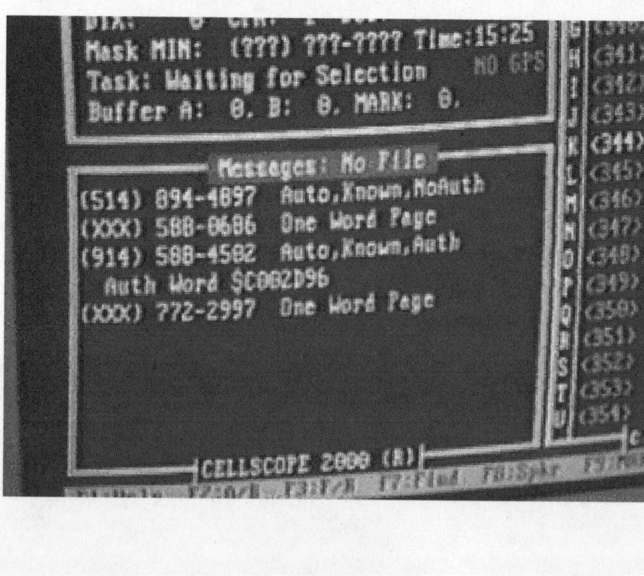

und „eventuell inzwischen durch Ritley ersetzt“ raus. Das war’s dann aber auch schon. Wer sucht, der findet. Und so gab es zu Vortex doch einige Informationen. JPD’s „The Satellit Encyclopaedia“ listet zumindest die Vortex- Serie. Hiernach sind die letzten Typen eine fortgeschrittene Version und umbenannt in Mercury. Zwar gibt es auch dort keine Positionsangaben, doch ein Satellit dieser Serie war es, der 1986 Tschernobyl im Umkreis von ca. 300 km abgehört hatte und wahrscheinlich auch die Daten verschiedener europäischer Unternehmungen „aufgesogen“ hatte. Kann er auch, denn sein 36m-Spiegel wird mit minimalen Abstrahlungen fertig, und das auch noch im Freiraum. Außerdem ist er geostationär und kann auf Befehl seine orbitale Position und seine Antennenrichtung verändern.

Konnte es wirklich sein, dass Tempest über so große Abstände übertragbar ist? Hier musste Frank Jones von Codex her, denn der gilt mit seinem Abwehr-Angebot als der Crack der Branche.

C.M.: Frank, ist es denkbar, dass ein Satellit mit entsprechendem Empfangsgerät und da meine ich hohe Eingangsempfindlichkeit und sehr großer Antenne Tempest-Reste empfangen kann?

F.J.: Doch, ja. Nach dem jetzigen Stand der Empfangstechnik glaube ich das schon.

C.M.: Unvorsichtigerweise werden immer mehr 2,4 GHz-Links in der Datenübertragungstechnik genutzt. Diese Leichtsinnigkeit macht es den Satelliten noch leichter, Daten mitzulesen. Gibt es eine Schutzmöglichkeit?

F.J.: Auf die Links in jedem Fall verzichten, oder die Signale wirkungsvoll kodieren. Als Schutzmöglichkeit bieten wir unser recht sicheres SecurDat an. Bisher haben auch die Dienste da noch keinen Erfolg gehabt.

C.M.: Welche Satelliten kämen für einen solchen Lauschangriff in Frage?

F.J.: Schauen Sie sich nochmals genauer bei UKUSA/Echelon um... (dann folgen mehr interne Hinweise).

Irgendwie hatte ich damals bei meiner Echelon-Beschreibung etwas übersehen, immer nur davon ausgehend, dass die Empfangsstationen (z.B. Bad Aibling in Deutschland) die Kommunikation via Satellit auswerten und an die NSA weiter senden. Nach tagelangen Recherchen gab es endlich ein Resultat. Die Vortex-Satelliten (eventuell heute durch Ritley-Satelliten ergänzt oder ersetzt) mit ihren übergroßen Ohren können Tempest empfangen. Warum konnte ich in Mitteleuropa die unkodierten Signale schwach

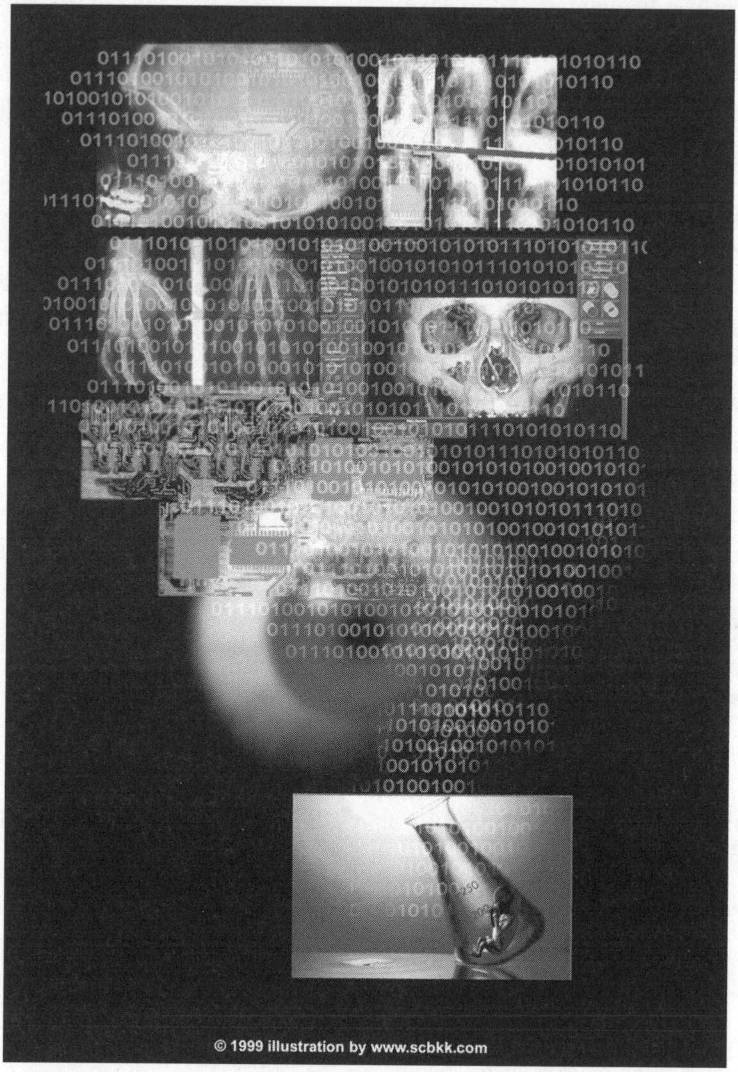

empfangen? Auch eine deutliche Antwort. Der hier stationierte Satellit der Serie empfängt und sendet die Daten lediglich, ohne sie zu bearbeiten. Die Daten wandern vom Satelliten zur Spionage-Station F83 in Menwith Hill/England. Diese Station wird von der U.S. National Security Agency (NSA) betrieben. Im Moor-Gebiet von North-Yorkshire gelegen, werden dort rund um die Uhr Daten empfangen, sortiert und in der Abteilung „Silkworth" durch Groß-Computer (Magistrand-System) verarbeitet. Um die Spreu vom Weizen zu trennen, hilft das Voicecast-System weiter. Es soll angeblich mit den typischen Eigenschaften bestimmter „Opfer“-Stimmen programmiert sein und fischt diese dann sofort aus dem Riesenangebot heraus. Und die Sprachen – die ich nicht auseinanderhalten und schon gar nicht verstehen konnte – erledigen dort die Sprachkenner der Abteilung C/TAR (Collection Transcription Analysis and Reporting), aufgeteilt in zwei Gruppen. C/TAR1 ist für Rußland und die ehemaligen Mitgliedsstaaten der alten Sowjetunion zuständig. Der Rest der Welt wird durch C/TAR2 erledigt. F83 ist der größte Horchposten der Welt und vollständig in US-Händen.

Abhilfe und Schutz? Die gibt es garantiert nicht im nächsten Elektronik-Laden um die Ecke. Gut abgeschirmte Datenleitungen, der Verzicht auf drahtlose Links und die Filterung aller nach außen führenden Leitungen (Elektrizität, TV-Antennen, Sat-Antennen, Telefonleitungen etc.) sind schon mal die halbe Miete.

11 Nigeria Connection

Im wohlverdienten Urlaub auf Redaktionskosten im firmeneigenen Iglu an der herrlichen Nordküste Grönlands erreichte mich die Kunde, dass sich nach relativ langer Ruhe die Scam-Mafia aus Nigeria wieder melden würde. Vor einigen Jahren in Teil neun dieser Serie wurde über die Machenschaften berichtet, und eigentlich bestand auch kein Grund mehr, sich darum zu kümmern, denn Staatschef Sani Abacha von Shells Gnaden war verschwunden, und nach fast demokratischen Wahlen war der zivile Machthaber Olusegua Obasanjo am Steuer. Und der hatte gleich versprochen, mit den Scam-Letter Betrügern und korrupten Beamten abzurechnen. Wie das mit „abrechnen" gemeint sein mag, wissen wir nicht. Fest steht jedoch, dass nach einer Schrecksekunde die alten Figuren – teilweise unter anderen Namen – wieder ihr Unwesen treiben.

Vorgesehen hatte ich eigentlich einen ersten Erfahrungsbericht mit dem neuen Ikonos-Satelliten der Space-Imaging Group. TSI berichtete als erste Fachzeitschrift weltweit bereits ausführlich über das Projekt, kommerzielle Fotos mit einer Auflösung von einem Meter anzubieten, und als Dank bekommt die TSI-Redaktion auch die ersten Bilder des Satelliten. Auch die eigene Empfangsanlage ist inzwischen fertiggestellt und wartet eigentlich nur auf die ersten Signale. Leider befand sich der Satellit zum Redaktionsschluss noch in seiner 90-Tage Testphase. Alles hatte sich im Lauf der Jahre verzögert. Einsprüche diverser Geheimdienste (vor allen Dingen aus Israel) und der verunglückte Start von Ikonos-1 waren der Grund. Die Auflösung der Fotos könnte heute schon leicht unterhalb der 1m-Grenze liegen, doch hier sprach die National Security Agency (NSA) in den USA ein Machtwort. Nicht ganz von sich aus, auch hier drückten die Israelis von hinten. So müssen sich die polizeilichen Organisationen, die sich mit Mord und Totschlag beschäftigen, noch etwas gedulden, um endlich Fotos in hoher Auflösung einer bestimmten geographischen Zone und von einem bestimmten Zeitpunkt zu bekommen.

Nur so lässt sich eventuell feststellen, ob zu einem Tatzeitpunkt z.B. ein Auto an einem Waldrand geparkt wurde und wie es denn ungefähr aussehen

könnte. Immerhin lässt sich mit dem Ikonos schon mal die Farbe und die Größe bestimmen. Nach meinem Vorschlag und nach einem konkretem Fall lief ein süddeutsches LKA in die geheimdienstliche Sackgasse. Aus Sicherheitsgründen wollte man nicht helfen, obwohl die Keyhole-Satelliten der Amerikaner hier Hilfe hätten leisten können, ohne ihr Gesicht zu verlieren.

Während wir also weiter auf Ikonos warten, hier das Neueste von der nigerianischen Scam-Mafia. Wer sich damit auskennt, sollte die nächsten paar Absätze überspringen und in der Zwischenzeit AIT auf Hotbird schauen. Für alle anderen folgt eine kurze Einführung.

Scam-Mafia

In den letzten 15 Jahren hat sich unter verschiedenen Regierungen – und von denen nicht nur geduldet – die Nigeria-Connection etabliert. Unter verschiedenen Absendern – versehen mit falschen Briefköpfen irgendwelcher Ministerien – werden an (vermeintlich) wohlbetuchte Amerikaner und Europäer brandeilige Briefe, Faxe und neuerdings auch e-mails geschickt. Darin („Privat/Confidential“) wird dem Empfänger ein kleines Millionen-Geschäft vorgeschlagen. Ein Betrag (z.B. 20 Millionen US-Dollar) muss angeblich außer Landes geschafft werden. Der Grund könnten überschüssige Einnahmen aus dubiosen Ölgeschäften sein, die gewaschen werden müssen, oder in letzter Zeit angesammelte Gelder von Ministern, die sich im Ausland nach der Machtübernahme durch Zivilisten eine neue Existenz aufbauen wollen. Dazu benötigt man dringend ein unverfängliches Auslandskonto, und das sollte partout das des Briefempfängers ein. Man möge doch alle Bankverbindungen bekanntgeben, damit die 20 Millionen US-Dollar überwiesen werden können.

Als kleine Anerkennung für die geleisteten Dienste dürfe der Empfänger auch gleich 20% (4 Millionen Dollar) für sich abzweigen. Nur schnell muss alles gehen, und ein Rückruf noch heute wäre äußerst wichtig. Wer dumm und geldgierig genug ist, fällt darauf rein. Eine Kontonummer ist schließlich kein Geheimnis, und die kann man ja mal mitteilen. Sollte diese Kontonummer erkennbar ein verstecktes Konto in Liechtenstein, der Schweiz oder auf den Antillen sein, wird es ernst. Sollte unser Mr. Raffgier die Restfunktionen seiner kleinen Walnuß im Kopf abgeschaltet haben und auch noch das Paßwort seines Kontos nennen, kann er die Sache eigentlich gleich vergessen. Der nächste Kontoauszug wird einen Saldo von 0,00 ausweisen.

Der Besitzer eines „anständigen“ Kontos erhält ein tolles Transfer-Schreiben der Bank of Nigeria, in dem man ihm mitteilt, dass der erwartete Betrag zur Überweisung ansteht, jedoch noch einige Formalitäten nötig seien. Unter anderem stehen noch die Transfer-Kosten in Höhe von 1% der Summe (200.000 US-Dollar) aus. Der Auftraggeber sei bereit, die Hälfte davon selbst zu übernehmen, die andere Hälfte sollte jedoch schnellstens überwiesen werden. Sollte unser Aspirant darauf reinfallen, wird er noch einige Zeit mit tollen Schreiben und einigen kleinen Zusatzforderungen in Atem gehalten, bis ihm derselbe ausgeht. Unsere Scam-Letter Mafia hat ihr Ziel erreicht und ist von nun an nicht mehr erreichbar.

In Folge neun dieser Serie bewiesen wir, dass es selbst mit verhältnismäßig einfachen Mitteln und etwas Sachkenntnis möglich ist, den Telefon/Fax-

IMMEDIATE RESPONSE

Subject: **IMMEDIATE RESPONSE**
Date: Sun, 19 Sep 1999 12:31:18 -0700 (PDT)
From: STEPHEN HOZANE <hozanests@yahoo.com>
To: [redacted]

MR. STEPHEN HOZANE
FEDERAL MINISTRY OF WORKS &
HOUSING, FEDERAL HOUSING
AUTHORITY SEKOU TOUR CRESCENT,
OFF ECOWAS SECRETARIAT ROAD,
ASOKORO. P.M.B. 101, GARKI,
ABUJA F.C.T.

ATTN: CHIEF EXECUTIVE.

DEAR SIR,

BUSINESS PROPOSAL: TRANSFER OF US$ 18.4 M (EITHEEN MILLION, FOUR HUNDRED THOUSAND UNITED STATES DOLLARS) & BUSINESS INVESTMENTS PARTNERSHIP.

FIRST, I MUST SOLICIT YOUR STRICTEST CONFIDENCE IN THIS TRANSACTION, THIS IS BY VIRTUE OF IT'S NATURE AS BEING UTTERLY CONFIDENTIAL AND TOP SECRET AS YOU WERE INTRODUCED TO ME IN CONFIDENCE THROUGH A FRIEND IN

JRGENT REPLY"

Subject: **"URGENT REPLY"**
Date: Sat, 2 Oct 1999 07:28:00 -0700 (PDT)
From: STEPHEN HOZANE <hozanests@yahoo.com>
To: [redacted]

FROM THE DESK OF: MR. STEPHEN HOZANE.

ATTN: [redacted]

DEAR [redacted],

THANKS TO YOUR E-MAIL RESPONSE OF WHICH I HAVE BEEN EXPECTING TO HEAR FROM YOU ON PHONE SINCE THE LAST EMAIL MESSAGE WHICH I SENT TO YOU.

TIME IS NO MORE ON OUR SIDE BECAUSE THERE IS AN ULTIMATUM FROM THE PRESIDENT OF THIS COUNTRY THAT ALL FOREIGN CONTRACTOR MONEY SHOULD BE PAID ON OR BEFORE THE END OF THIS MONTH OCTOBER. THIS IS THE MORE REASON WE BOTH HAVE TO MOVE FAST SO THAT THE MONEY CAN BE TRANSFERRED WITHIN A SHORT PERIOD.

ON OUR OWN SIDE WE HAVE PERFECTED ALL WAY HOW THIS DEAL WILL BE EXECUTED. IN OTHER NOT TO JEOPARDISE OUR EFFORT THIS BUSINESS MUST NOT BE DISCUSS WITH ANY BODY EVEN BY THE TIME HE ARRIVE THIS COUNTRY NIGERIA BY NEXT WEEK.

MY PRIVATE TELEFAX No. 234-1-888830 STILL REMAIN THE SAME. HE SHOULD PHONE ME TOMORROW SUNDAY 3RD OCT, 1999 AT ABOUT 0900HRS (GMT) FOR BOTH OF US TO SPEAK VERY IMPORTANT.

AWAITING YOUR PHONE CALL.

THANKS WITH BEST REGARDS,

STEPHEN HOZANE (MR.)

Verkehr dieser Gangster via Satellit mitzuhören und zu lesen. Den Autor erreichten nach Veröffentlichung einige nette Einladungen nach Nigeria, die er allerdings dankend ablehnte.

Lauschangriff II

Nach entsprechenden Hinweisen auf neue Aktivitäten wurde das alte Equipment wieder aktiviert. Inzwischen funktionierte auch das provisorische Fax-Modem etwas besser. Zumindest waren die Texte zu 80% lesbar. Da ein überwiegender Teil internationaler Telekommunikation über die diversen Intelsats läuft, war es erst einmal wichtig, den richtigen Satelliten zu finden. Vor einigen Jahren war es die Position 60° Ost. Hier wird inzwischen ein Hemi-Beam eingesetzt, und der ist leider in den nördlicheren Gefilden nicht empfangbar. Auf Nachfrage stellte sich auch schnell heraus, dass die 60°-Position zwar noch von der Bodenstation Lanlate I genutzt wird, doch überwiegend im innerafrikanischen Verkehr. Die nächsten Tage verzog ich mit allen Antennen-Listings auf den Dachboden und kam erst nach diversen Drohungen seitens der Familie und des Verlegers mit Spinnweben zwischen den Armen wieder runter. Immerhin mit einigem Erfolg. Es mussten die Positionen 27,5° und 24,5° West sein. Die restlichen Infos kamen von lieben Menschen auf der IBC99, die als Belohnung die der Presse zustehendenVerzehrbons bekamen.

Es klappte auf Anhieb. Lanlate-2 (LAN-02a) bedient mit FDM 24,5° West im C-Band und Lagos-4 (LAG-04B) versorgt 27,5° West mit analogem SCPC. FDM wird für Telefonie, Fax und Data von Telekommunikations-Organisationen genutzt; SCPC sehr oft von Sicherheitsdiensten, Hilfsorganisationen, Ölgesellschaften und wesentlich zweifelhafteren Diensten. Der FDM-Verkehr ist mit recht einfachen Mitteln zu verfolgen. Man nehme einen etwas größeren Spiegel für das C-Band (Minimum: 180cm), einen analogen Low-Threshold-Receiver und einen erstklassigen SSB-Radio-Empfänger, der den Frequenzbereich bis etwa zehn MHz überstreicht (NRD, ICOM, AOR und Surplus-Geräte). Der Baseband-Videoausgang des Sat-Receivers wird über Koaxialkabel auf dem kürzesten Weg mit dem Antenneneingang des Kurzwellen-Receivers verbunden. Im C-Band wird auf bestimmten Satelliten, die FDM transportieren, nach Transpondern gesucht, die sich durch dunkle Störungen auf dem Kontrollmonitor bemerkbar machen. Dieses „Störsignal“ ist nichts anderes als FDM. Der Empfang wird mit der Low-Threshold-Funktion optimiert.

Nun wird der nachgeschaltete KW-Receiver im Bereich von 0 bis ca. 4MHz sehr vorsichtig in USB und LSB (oberes und unteres Seitenband in SSB-

TTN: [redacted]

Subject: ATTN: [redacted]
Date: Thu, 2 Sep 1999 03:06:57 -0700 (PDT)
From: STEPHEN HOZANE <hozanests@yahoo.com>
To: [redacted]

```
NIGERIAN NATIONAL PETROLEUM CORPORATION (NNPC)
              FALOMO IKOYI, LAGOS.

FROM:  THE DESK OF:  STEPHEN HOZANE (DR).

E-MAIL:  HOZANESTS@YAHOO.COM

ATTN:- [redacted]

DEAR SIR,

             CONFIDENTIAL BUSINESS PROPOSAL

I AM A DIRECTOR OF NIGERIAN NATIONAL PETROLEUM CORPORATION (NNPC) WE
ARE MAKING THIS CONTRACT WITH YOU BECAUSE OF THE RELIABLE
INFORMATION. WE GATHERED FROM THE NIGERIAN CHAMBERS OF COMMERCE AND
INDUSTRY HIGHLIGHTING YOUR COMPANY'S PROFIL. THE INFORMATION IS SO
POSITIVE AS TO CONVINCE US THAT YOU WOULD BE CAPABLE OF PROVIDING US
WITH A SOLUTION TO A MONEY TRANSFER TRANSACTION OF SIXTY-FIVE
MILLION, FIVE HUNDRED THOUSAND UNTIED STATES DOLLARS ONLY (US$65.5M).

WE ARE MEMBERS OF THE SPECIAL COMMITTEE FOR BUDGETS AND PLANNING OF
THE MINISTRY OF PETROLEUM. THIS COMMITTEE IS PRINCIPALLY CONCERNED
WITH CONTRACT APPRAISALS AND THE APPROVAL OF CONTRACTS IN ORDER OF
PRIORITIES AS REGARDS CAPITAL PROJECTS OF THE MILITARY GOVERNMENT OF
NIGERIA. WITH OUR POSITIONS, WE HAVE SUCCESSFUL SECURED FOR OURSELVES
THE SUM OF SIXTY-FIVE MILLION, FIVE HUNDRED THOUSAND UNITED STATES
DOLLARS ONLY (US$65.5M), THIS AMOUNT WAS ACCUMULATED THROUGH
UNDECLARED WINDFALL FROM SALES OF CRUDE OIL DURING THE GULF WAR.
```

Modus) durchsucht. Theoretisch gibt es alle 4kHz einen Kanal. Eine reine Lern- und Nervensache ist es nun, diese Radiosignale einer bestimmten geografischen Gegend zuzuweisen. Ein Receiver mit eingebautem DTMF-Modul (z.B. AR5000) kann die gewählten Telefonnummern mitlesen und vereinfacht die Suche natürlich. Nigeria hat den Landescode 234, und so filtert man nur diese Telefonate und Faxe aus.

Bitte nicht nachmachen, denn das ist in den meisten Ländern verboten und geschah auch in unserem Fall rein experimentell. Dies ist wiederum am Standort unserer Monitoranlage erlaubt.

Die nächsten Wochen konzentrierte ich mich auf 24,5° West und vergaß meine Kollegen, die sich auf Einladung des Verlegers mit mitgebrachtem Firmen-Bierzelt für zehn Personen und Bier aus dem lokalen Supermarkt auf dem Münchner Oktoberfest vergnügten. Und das alles auf Verlegerkosten.

Doch es lohnte sich. Da waren sie wieder. Der gesamte Bello-Clan führte weltweite Gespräche (die Nummer 1-49709215 gibt es immer noch), und immer noch scheint Ralph Chukwuma (Tel. 1-234-5891200) der große Pate zu sein. Ziemlich oft konnte das Unwesen eines Dr. Dele Ibrahim (1-5451940 und Fax 1-2881474) verfolgt werden. Dummerweise gab er einem „Kunden“ in Österreich seine e-mail Adresse (deleibrahim@yahoo.co.uk) bekannt, und da mir der Ösi leid tat (er war fast weichgekocht), ließ ich zumindest die e-mail Adresse sperren. Yahoo reagiert da recht schnell. Unglaublich aber wahr: genau zu dieser Zeit erreichte einen Mitarbeiter der TSI-Redaktion und mich ein gleichlautendes Angebot eines 65-Millionen-Dollar-Deals eines gewissen Dr. Stephen Hozane. Einmal stellte er sich vor als Direktor der National Petroleum Corporation (NNPC) in Lagos, und bei mir als „Top Official from the Federal Ministry of Works and Housing“ in Abuja.

Er wurde als mein Opfer ausgewählt. Zum Schein wurde auf den Deal eingegangen. Er bekam den Namen einer Luxemburger Bank und eine Kontonummer genannt; verbunden mit dem zarten Hinweis, das nötige Paßwort gebe es erst, wenn er eine Bankgarantie erbringen würde. Hier gab es was für ihn abzuräumen, und er reagierte schneller als die freiwillige Feuerwehr, die manchmal schon vor dem Brand da ist. Per Fax kam die Bankgarantie und eine Telefonnummer (1-888830) mit dem Hinweis, dort am folgenden Tag gegen 21:00 UTC anzurufen. Um es gleich vorweg zu sagen, die Nummer gehört zu keinem Ministerium, sondern ist wahrscheinlich eine gemietete Nummer einer Briefkastenanschrift. Das gesamte Empfangsequipment wurde vorbereitet, und ein kundiger Helfer hatte nicht anderes zu tun, als während des Gesprächs am folgenden Tag Dr. Hazane innerhalb eines drei MHz-Bereiches zu finden. Das heißt, ich musste das Gespräch künstlich verlängern (wer bezahlt mir das eigentlich?)

„Dr.Hazane“ schilderte nochmals die Eiligkeit des Deals und reizte mich mit schnell verdientem Geld. Ich erklärte ihm interessiert, dies alles würde ganz gut passen, denn eine Geschäftsreise würde mich folgende Woche eh nach Abuja führen. Da ich auf Einladung einer Organisation dort sei, könnte ich keine Angaben zum Hotel machen, doch die echten Daten des Fluges Frankfurt/Main-Lagos-Abuja bekam er von mir.

Die Gier nach meinem Geld (und ich habe tatsächlich ein Budget für so etwas. Allerdings in Lire, und davon sind es immerhin 500.000) ließ ihn ein wenig leichtsinnig werden, und so verriet er mir seine Anschrift in Abuja:

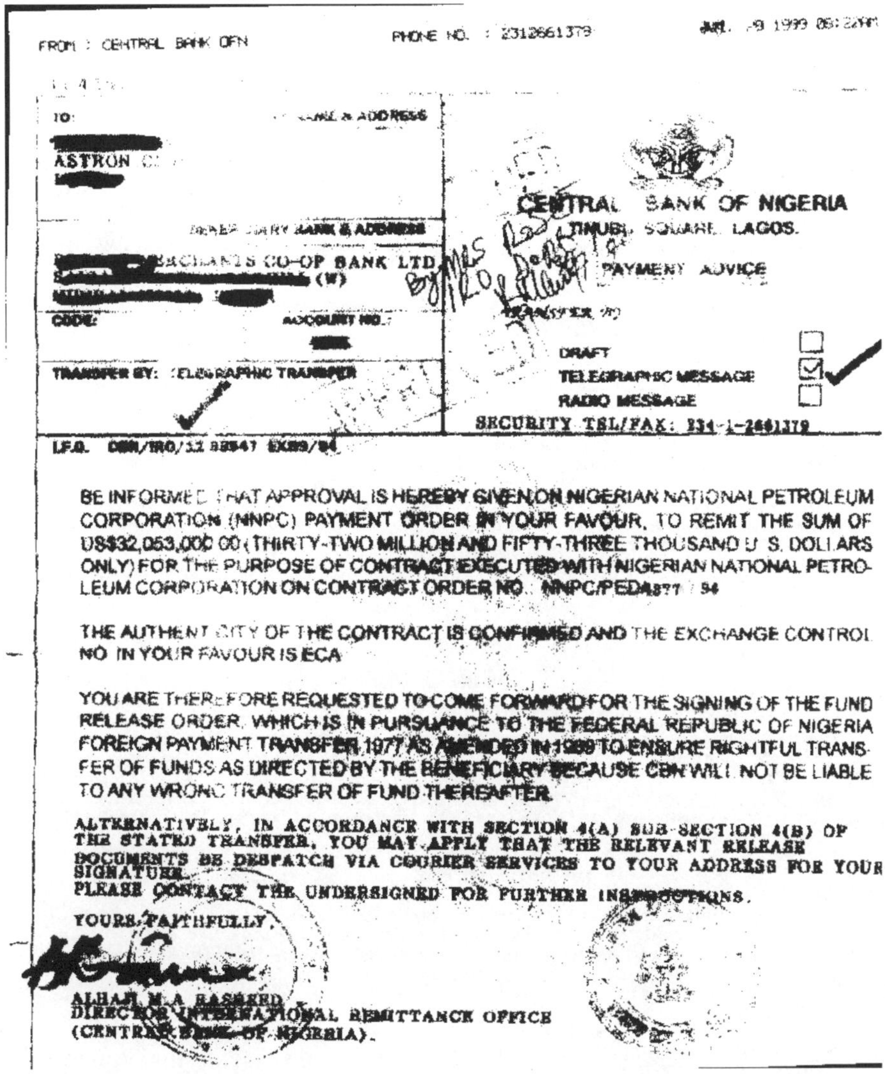

FROM : CENTRAL BANK CFN PHONE NO. : 2312661379 JUL. 29 1999 08:22AM

TO: NAME & ADDRESS

[redacted]

ASTRON C...

[redacted]

BENEFICIARY BANK & ADDRESS

[redacted] ...ACHANTS CO-OP BANK LTD

[redacted] (W)

[redacted]

CODE: ACCOUNT NO.: [redacted]

TRANSFER BY: TELEGRAPHIC TRANSFER

CENTRAL BANK OF NIGERIA
TINUBU SQUARE LAGOS.

PAYMENT ADVICE

TRANSFER BY

DRAFT ☐
TELEGRAPHIC MESSAGE ☑
RADIO MESSAGE ☐

SECURITY TEL/FAX: 234-1-2661379

REF. CBN/IRO/12 ... EXB9/94

BE INFORMED THAT APPROVAL IS HEREBY GIVEN ON NIGERIAN NATIONAL PETROLEUM CORPORATION (NNPC) PAYMENT ORDER IN YOUR FAVOUR, TO REMIT THE SUM OF US$32,053,000.00 (THIRTY-TWO MILLION AND FIFTY-THREE THOUSAND U. S. DOLLARS ONLY) FOR THE PURPOSE OF CONTRACT EXECUTED WITH NIGERIAN NATIONAL PETROLEUM CORPORATION ON CONTRACT ORDER NO.: NNPC/PEDA877 / 94

THE AUTHENTICITY OF THE CONTRACT IS CONFIRMED AND THE EXCHANGE CONTROL NO IN YOUR FAVOUR IS ECA

YOU ARE THEREFORE REQUESTED TO COME FORWARD FOR THE SIGNING OF THE FUND RELEASE ORDER, WHICH IS IN PURSUANCE TO THE FEDERAL REPUBLIC OF NIGERIA FOREIGN PAYMENT TRANSFER 1977 AS AMENDED IN 1989 TO ENSURE RIGHTFUL TRANSFER OF FUNDS AS DIRECTED BY THE BENEFICIARY BECAUSE CBN WILL NOT BE LIABLE TO ANY WRONG TRANSFER OF FUND THEREAFTER.

ALTERNATIVELY, IN ACCORDANCE WITH SECTION 4(A) SUB-SECTION 4(B) OF THE STATED TRANSFER, YOU MAY APPLY THAT THE RELEVANT RELEASE DOCUMENTS BE DESPATCH VIA COURIER SERVICES TO YOUR ADDRESS FOR YOUR SIGNATURE.
PLEASE CONTACT THE UNDERSIGNED FOR FURTHER INSTRUCTIONS.

YOURS FAITHFULLY,

ALHAJI M.A BASHEED
DIRECTOR INTERNATIONAL REMITTANCE OFFICE
(CENTRAL BANK OF NIGERIA).

Sekou Tour Crescent/Ecke Ecowas Road (Hausnummern hat man nicht). Bis hierher wollte ich gehen, denn dies ist in letzter Zeit der kritische Punkt.

Wer nämlich abbricht, bekommt eine Mahnung zur Zahlung der angelaufenen Kosten, und die werden dann schon mal mit US$50.000 beziffert. Sollte man nicht zahlen und auch nicht auf den Deal eingehen, gibt es seit etwa einem Jahr eine Mahnung der besonderen Art, und die kann besonders schädlich für herzkranke oder sensible Menschen sein. Unter dem Absen-

EXECUTION! EXECUTION!! EXECUTION!!!

HC 085038

NATIONAL CORPORATION HEADQUARTERS LAGOS

Bankers

[illegible]

Your Ref: [redacted]ur Ref: JANSO/0587/52AB [redacted]

PRIVACY

ATTN: [redacted]

We wish to introduce our company/ourselves as a subsidiary of INTERNATIONAL ASSASINATORS AND WORLD SECURITY ORGANZATIONS, with branches in one hundred and two (102) countries.

We have received a fax message our World Headquarters, New York, this morning to inform you to produce a mandatory sum of US$35,000.00 (THIRTY-FIVE THOUSAND UNITED STATES DOLLARS) only, into our account given below in Switzerland within Ninety Six hours (96), alternatively, you will kidnapped and forced to commit suicide during the period of our on-coming anniversary of fifty years.

APM AMRO BANK
12 QUAI GENERA GUISAN
1212 Geneva 3
A/C NO. 8270LB (L.N.SIADU)
SWITZERLAND

CAUTION

1. Fax immediately to this office, the payment slip, confirming the payment an to enable us reconcile with our files and deploy our men already monitoring you.

2. We will as well waste no time to carry our operations, if we discover that this contract is disclosed to any second party including the following:-

(A) Police (b) Relation and (C)Friends

3. We guarantee your safety locally and internationally, on the completion of this contract and will not hesitate to disclose our men in your country to you and as well render our service if needed or on request.

We seek your urgent co-operation, for it is not our wish to get you eliminated.

PRINCE (DR) BVANO H. JINOH
SECRETARY

der „National Assasination and World Security Organization“ wird um Begleichung der „Schuld“ gebeten, und zwar innerhalb von 96 Stunden. Falls nicht bezahlt wird, sieht man sich zu folgenden Maßnahmen (im Auftrage des Kunden) gezwungen:

„Anderenfalls werden Sie entführt und zum Selbstmord gezwungen. ... Faxen Sie unserem Büro umgehend eine Bestätigung Ihrer Zahlung, oder wir werden den Vorgang abschließen und unsere Männer schicken, die Sie bereits beobachten. Wir werden außerdem nicht zögern, unsere Operation auszuführen, sollten wir herausfinden, dass dieser Vertrag anderen zur Kenntnis gebracht wird; einschließlich Polizei, Verwandte und Freunde."

In der Vergangenheit wurde als Konto die Nummer 8270LB (L.N.SLADU bei der AMRO-Bank in 1212 Genf) angegeben, doch scheint man inzwischen auf eine Offshore-Bank ausgewichen zu sein. Unterschrieben wird der nette Brief durch einen Prince Bvano H. Jimor.

Zumindest hatten wir während des Telefonats das Frequenzsegment für Gespräche Nigeria-Europa ausfindig machen können. In den folgenden Wochen war unser Dr. Stephen Hozane ein recht williges und informatives Opfer. Zwei seiner Klienten konnten frühzeitig gewarnt werden, und auch die „419-Coalition" (eine private Organisation, die seit Jahren die Umtriebe der Scam-Mafia beobachtet und wichtige Details an das FBI und andere Dienste weiterleitet) wurde mit ausreichend Material gefüttert.

So ganz scheint es Nigerias Staatschef Obasanjo nicht ernst zu sein mit seiner Säuberungsaktion im eigenen Haus.

Mehrfach gaben Hozane und andere Mitglieder des Bello-Clans eine Telefonnummer an, unter der sie momentan zu erreichen seien: +2343-92344107. Sie gehört zum Informationsministerium des Landes.

12 Ikonos: Erste Bilder

Es war eine recht lange Wartezeit zwischen Juni 1997 und dem 24. September 1999. Damals erschien in der TSI ein erster Bericht zum geplanten Spionage-Satelliten Ikonos.

Er sollte Bilder mit einer Auflösung von nur einem Meter liefern. Das allein macht ihn nicht zu einer Sensation, doch dass er sich in privatem Eigentum

befinden sollte, schon. Bisher war es nicht möglich, über militärische Organisationen an solche Bilder zu kommen und dabei auch noch die freie Auswahl zu haben, welche Gegend denn gezeigt werden sollte.

Ikonos 1 verunglückte beim Start, Ikonos 2 wurde erfolgreich am 24. September 1999 als Nutzlast mit einer Athena-II in einen sonnensynchronen Orbit gebracht.

Ausgestattet ist Ikonos mit einer Kodak-Kamera, die an ein Teleskop (Brennweite 10m) angeschlossen ist. Das Objektiv ist, dank Spiegeltechnik, nur 2m lang. Ikonos überfliegt das zu beobachtende Gebiet mit 7 km pro Sekunde in einer Höhe von 680 km. Bei einer Auflösung von 1m sieht der Satellit 350 km nach links und nach rechts.

Er liefert Schwarzweißbilder mit einer Auflösung von 1 m oder Farbbilder mit einer Auflösung von 4 m. Die Kamera-Daten werden an Bord in einen 64GB-Speicher geladen und beim Überflug über eine der zahlreichen Bodenstationen (z.B. Athen, Griechenland oder Neustrelitz, Deutschland) mit

einer Datenrate von 320 Mb/s gesendet. Die Daten werden vorher an Bord mit einem Kodak-eigenen Verfahren komprimiert.

Am 12. Oktober 1999 stellte Space Imaging der versammelten internationalen Presse stolz ein erstes Foto von Washington D.C. in 1 m-Auflösung vor. Das Ergebnis war beeindruckend in den dargestellten Details.

Wir wollten mehr über die Möglichkeiten des Systems wissen. Erst nach intensiven Kontakten mit Space Imaging gelang es, kurz vor Redaktionsschluss zwei Fotos zu bekommen, die die wirklichen Möglichkeiten des Ikonos demonstrieren. Ganz billig ist das dann allerdings nicht. Pro Foto können es schon einige hundert Dollar sein, und bei einer Serie wird der Betrag schnell vierstellig.

Es ging darum, Bilder in Schwarzweiß (1 Meter) und Farbe (4 Meter) als Serie zu erhalten (hier werden Veränderungen am Boden registriert, da der Satellit bei mehreren Überflügen immer wieder das gewünschte Gebiet aufnimmt). Eine befreundete Firma gab ihren guten Namen her und erkundigte

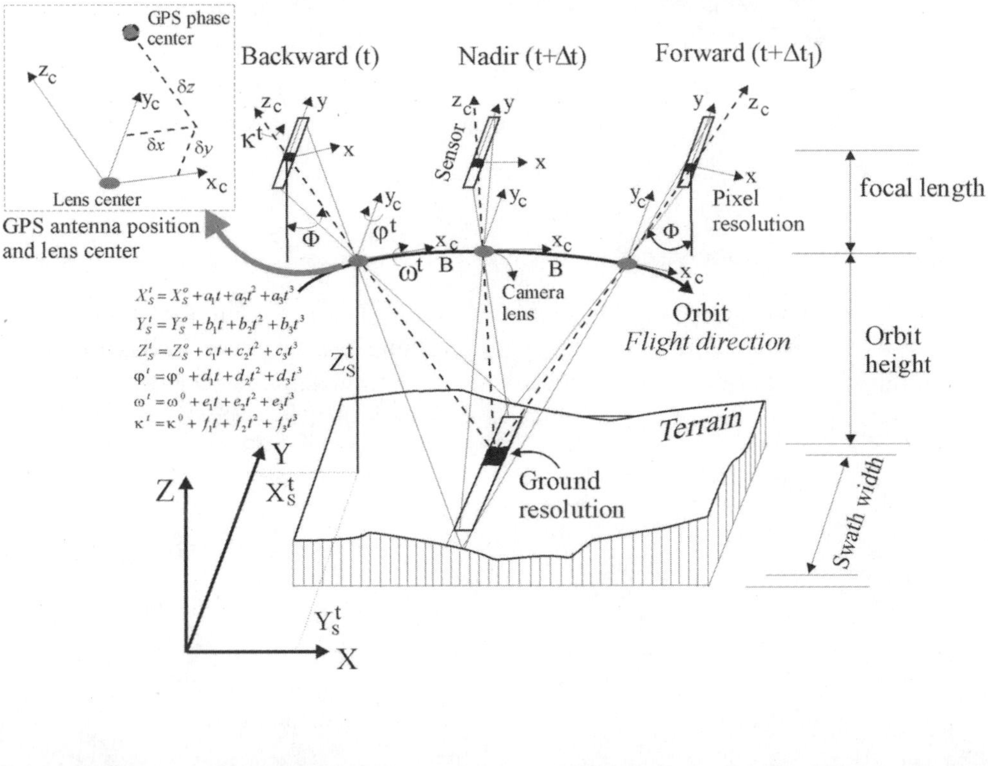
GPS phase center
Lens center
GPS antenna position and lens center
Backward (t)
Nadir (t+Δt)
Forward (t+Δt1)
Sensor
Pixel resolution
focal length
Camera lens
Orbit
Flight direction
Orbit height
Terrain
Ground resolution
Swath width
$X_S^t = X_S^o + a_1t + a_2t^2 + a_3t^3$
$Y_S^t = Y_S^o + b_1t + b_2t^2 + b_3t^3$
$Z_S^t = Z_S^o + c_1t + c_2t^2 + c_3t^3$
$\varphi^t = \varphi^0 + d_1t + d_2t^2 + d_3t^3$
$\omega^t = \omega^0 + e_1t + e_2t^2 + e_3t^3$
$\kappa^t = \kappa^0 + f_1t + f_2t^2 + f_3t^3$

sich bei einem europäischen Vertragspartner von Space Imaging nach der Möglichkeit, eine Bildserie aus einem Gebiet zu bekommen, das militärisch als kritisch gilt. Offiziell ging es um Umweltbeobachtung. Das reichte völlig aus, um eine Zusage zu bekommen. Mit dem richtigen Briefkopf und einem gut gefüllten Konto ist es kaum ein Problem, aus jeder nur erdenklichen Region hochauflösende Bilder zu bekommen. Das alles allerdings unter dem Vorbehalt der von der US-Regierung verhängten „shutter control", die nicht nur die Weitergabe von sicherheitsrelevanten Bildern von US-Territitorium untersagt, sondern z. B. auch Israel einschließt.

13 Inside Afghanistan

Zumindest für mich war der 24. Dezember ein ruhiger Tag. Meine TSI-Stories und Tests hatte ich abgeliefert. Der Rest der TSI-Redaktion musste zwar noch meinen ganzen Schwachsinn korrigieren und übersetzen und der Verleger wollte über die Feiertage auch noch Layouter spielen, doch was ging's mich an. Ich hatte endlich frei. Das hiess in erster Linie nicht drei Minuten nach Mitternacht aufstehen zu müssen, sondern eine Stunde länger zu schlafen. Nämlich bis 11 Uhr.

Natürlich musste auch die Familie zu ihrem Recht kommen, doch einige Freistunden wurden mir zugesagt. Meinen Lesern hatte ich versprochen, etwas mehr Praxis zu bringen und mir selber endlich mal den Inmarsat Indian Ocean Region (IOR) auf 64° Ost genauer anzusehen. Die Inmarsat-Antenne saß endlich im 2.4m-Spiegel und eine zweite Radom-Antenne (RX/TX) – für 50 US$ über das Internet bezogen – stand auf dem Flachdach. Eine Antenne hing am AR5000 und die andere an einem kleinen AR8200. Und weil die niederländische Firma HOKA es auch noch gut mit mir meinte, kam auch das Soft/Hardware-Paket C3G-Professional genau zum richtigen Zeitpunkt hier an.

Eigentlich wird diese professionelle Version der bekannten Hoka Gold meistens an irgendwelche amtliche und von Berufs wegen neugierige Stellen verkauft und dient der Entschlüsselung von Data-Signalen im HF und VHF/UHF-Bereich. Ein kurzer Blick auf die Features zeigte jedoch sofort, dass sie auch in der Lage ist, TDM Signale und Offset-QPSK zu verarbeiten. Und die gibt es nun mal auf Inmarsat. Ein kurzer Test auf den UHF-Frequenzen von FltSatCom u.a. verursachte ein dreckiges Grinsen. Es gab immerhin einige lesbare Texte. Peinlich, peinlich ...

Der Kaffee stand dampfend auf dem Arbeitstisch, die C3G-Professional von Hoka war installiert und da EGIS inzwischen neue Software geliefert hatte (jetzt sind wirklich alle geostationären Satelliten – auch militärische und wissenschaftliche – aufgenommem) fand der Rotor den Satelliten direkt und machte auch noch automtische Korrekturen, um das maximale Signal zu erwischen. Übrigens, auf dem IOR-Inmarsat gibt es als Marker kein

AFN-Radio auf 1537 MHz (nur auf der AOR-Position). Hier nimmt man als Referenz den TDM-Channel auf 1537.750 MHz. Das laute Data-Piepen eignet sich hervorragend zur Antenneneinstellung.

Der AR5000 wurde auf Search-Mode gesetzt und der kleine 8200 hing mit seinem speziellen Data-Ausgang schaltbar am Fax-Simulator und am Hoka-Decoder. Der wiederum steckte im Com-Port des PC. Über das TDM-Feature bestand seine Aufgabe darin, den Daten- und Faxverkehr zu überwachen. Es war sehr ruhig in der ersten Stunde. Ein europäisches Konsulat in Bhutan machte eine Personenanfrage für jemanden, dem offensichtlich der Pass geklaut worden war. Irgendwie funktionierte das nationale Telefonnetz wohl nicht richtig. Auf 1534.625 MHz beschwerte sich eine Dame bei ihrem Ehemann über seine zu lange Abwesenheit. Und das endlos und für ca. 4 US$ in der Minute. Wahrscheinlich bleibt der Gepeinigte jetzt noch länger.

Um 11:55 (UTC) hörte ich das erste Mal etwas von einer Flugzeugentführung. Den ersten Teil des Gespächs hatte ich versäumt, doch etwa drei Minuten später hatte ich mehr Glück. Der Stationsmanager in Kathmandu gibt an einen mir unbekannten Partner einen Bericht über die um 11:25 entführte Air-India Maschine vom Typ A-300 (Flug IC-814). Die Maschine war um 10:55 in Kathmandu gestartet und sollte nach New Dehli fliegen. An Bord sind 189 Personen (178 Passagiere und 11 Crew-Mitglieder). Jetzt wird selbst der verschlafene Inmarsat wach. Einige Journalisten bedienen sich des Systems.

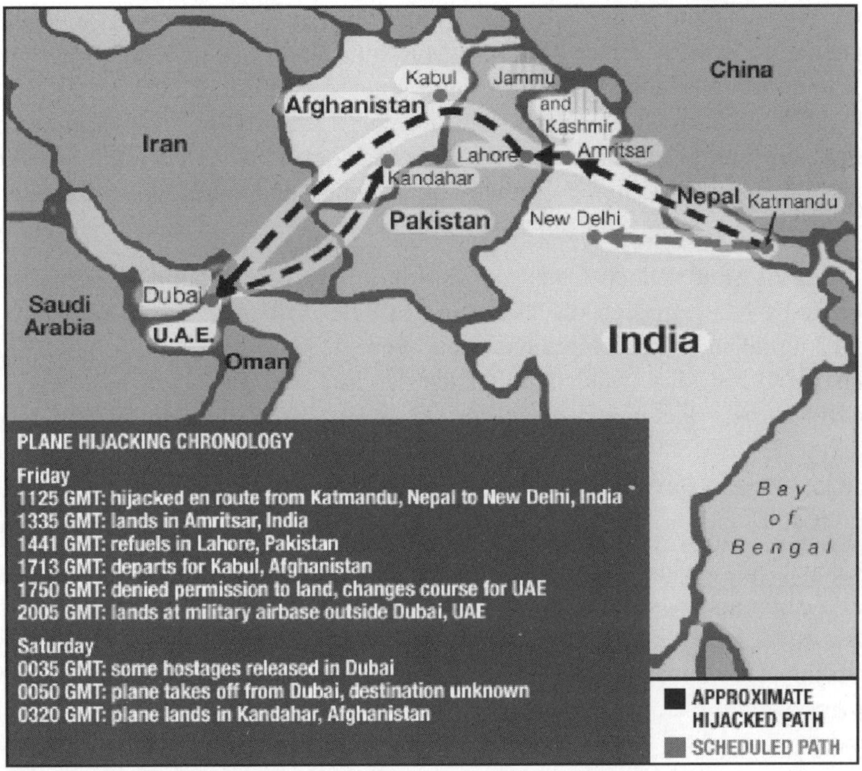

Die Nachrichten sind widersprüchlich. Fest steht, dass es sich um 5 Hijakker handelt, die aber keine Forderungen stellen. Um 13:35 erbittet Kapitän Devi Sharan Landerlaubnis wegen Treibstoffmangel in Lahore. Die Landegenehmigung wird verweigert. Die Maschine fliegt in's nahegelegene Amritsar und landet. Ohne Treibstoffaufnahme startet die A-300 dort wieder um 14:12 und kreist über Lahore bis sie die Landerlaubnis bekommt. Auf dem Flug wurde ein indischer Passagier erstochen. Dies höre ich aus den regelmässigen Berichten zwischen Dienststellen und aus Reporterberichten heraus.

Inwischen meldet auch CNN die Entführung. Noch ist kein Reporter vor Ort und CNN holt sich die Berichte via Telefon bei örtlichen Fachleuten und Journalisten. Viele Informationen über die Passagiere gibt es nicht. Gegen 15:30 bin ich etwas schneller als der Rest der Welt. Ich halte eine – noch interne – Passagierliste in der Hand. Fiel per Zufall aus meiner Fax-Anlage. Es sind 154 Indier, 8 Nepalesen, 5 Spanier, 4 Schweizer, 2 Franzosen und jeweils ein US-Amerikaner, Japaner, Kanadier, Belgier und und Italiener an Bord.

Gegen 17:00 verlässt die Maschine Lahore und versucht, in Kabul zu landen. Afghanistan stimmt einer Landung nicht zu, da der Flughafen der Hauptstadt kein Licht habe. Flug IC-814 nimmt Kurs auf Dubai. Jetzt wird ersteinmal Inmarsat vergessen. Da muss die gute alte Kurzwelle her. Es ist zwar ziemlich früh für eine niedrige Frequenz wie 5.658 MHz (USB), doch eine bessere kenne ich nicht für die Region. Bedingungen und Antenne reichen aus und auf der immer spannenden „Chaos"-Frequenz der internationalen Luftfahrt höre ich deutlich Khartoum Air Radio und auch Kabul (von wegen abends keinen Strom!) und dazwischen alles was in dieser Gegend herumfliegt und keinen VHF-Kontakt hat.

Auch IC-814 meldet sich. Kaptiän Sharan wirkt ausgesprochen ruhig und ihm wird seine Route nach Dubai zugewiesen. Um 20:05 landet er sicher auf einem Militärflugplatz der UAE in der Nähe von Dubai. 27 Passagiere werden freigelassen. Am 25.12 um 01:01 verlässt die Maschine Dubai. Über Kurzwelle ist zu hören, dass sich der Flugplatz Kandahar in Afghanistan mit einer Landung einverstanden erklärt. Dies geschieht um 03:09. Erst um 16:25 stellen die Hijacker ihre Forderungen: ein Haufen Geld (aus religiösen Gründen wird später daruf verzichet) und die Freilassung des islamischen Führers Mohammad Azhar Masood aus Pakistan, der seit 1994 als Terrorist in einem indischen Gefängnis sitzt.

Inzwischen habe ich die Nacht vom 25. auf 26 .12. nicht geschlafen. Inmarsat hat wohl noch nie soviel Geschäft gemacht, wie in dieser Nacht. Es gibt in Afghanistan nur noch wenige betriebsfähige A-Terminals. Die meisten sind auf dem Schrott gelandet, da sie niemand reparieren kann. Die Anbieter der Rest-Terminals verdienen sich eine goldene Nase. Vermietet wird an

Zhawar Kili Base Camp, Afghanistan

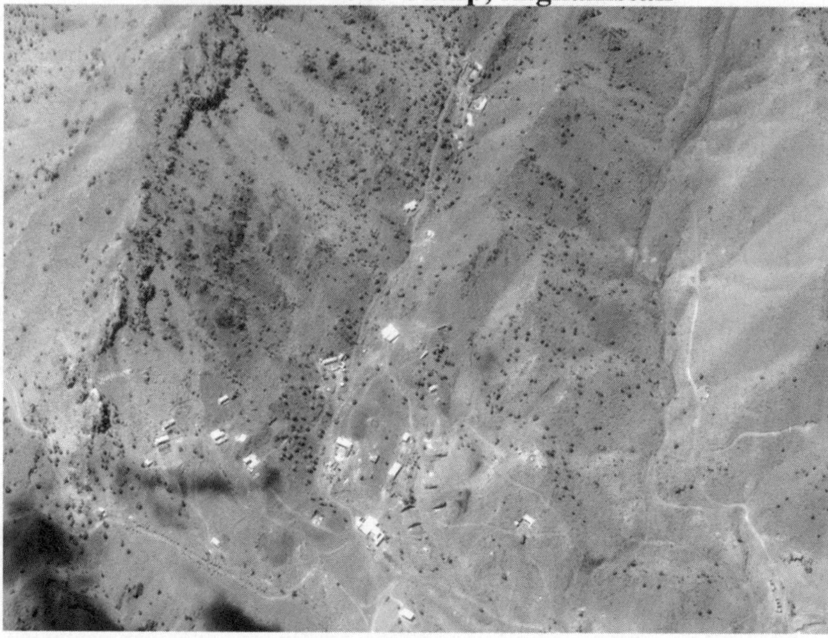

jeden mit gesunder Brieftasche. So muss auch Nick Robertson von CNN seinen Obolus entrichten, um live berichten zu können.

Die Entführer schienen inzwischen mit Kommunikationsmitteln ganz gut ausgestattet sein, denn es gab eindeutig Kontake zur Untergrundorganisation Harakat al-Muschahidin, die eine Loslösung Kashmirs von Indien fordert und unter pakistanischem Dach leben möchte. Und nun kommen wir ganz in die Nähe des weltweit gesuchten Ussama Ibn Ladin, der für verschiedene internationale Bombenattentate verantwortlich gemacht wird. Er und die Harakat al-Mudschahidin unterhalten in der afghanischen Provinz Khost Trainingslager für Terroristen. Ungestört von den regierenden Taliban in Afghanistan. Auffallend ist da auch die Sat-Kommunikation zwischen Kandahar und Pakistan. Aus Gespächsfetzen war deutlich zu entnehmen, dass hier mit führenden Persönlichkeiten aus dem Sicherheitsapparat gesprochen wurde. Wahrscheinlich aus der Abteilung JIN (Joint Intelligence North) des pakistanischen Geheimdienstes ISI.

Inzwischen hatten sich UN-Vermittler eingefunden und auch die Inder schickten ein Verhandlungsteam.

Am 31.12. war man sich dann endlich einig. Der religöse Leiter Massod wurde mit zwei anderen freigelassen und im Gegenzug verliessen die Hijacker die Maschine. Diese Wendung der Situation konnte einen Reporter von CNN nicht überfordern. Da ein normaler Satelliten-Uplink in dem Moment nicht zur Verfügung stand, wurde einfach die Kamera mit dem Sat-Phone verbunden und mit 64kb ging es auf den Satelliten: Ziemlich rukkelig die ganze Geschichte, doch wiederum war CNN die Nummer Eins in der Live-Berichterstattung. Der Feed ließ sich innerhalb von 2 Minuten finden und wirkliche Informationen kamen eigentlich dann rüber, wenn Nick Robertson nicht auf Sendung war. Die Kamera lief durch und das eingeschaltete Mikrofon verriet einiges. Nach kurzer Zeit stand fest, dass zwei Entführer in Afghanistan mit Billigung der Taliban blieben und die anderen drei sich in Richtung Pakistan bewegten.

Die „Firma“ in Afghanistan?

Wenn man sich mit einem Land wie Afghanistan beschäftigt, reizt die weitere Recherche. Dies geschieht mit der Beobachtung der Satelliten-Kommunikation, aber auch mit Quellen, die sich im Laufe der Zeit auftaten. So enstand schon bald der Verdacht, dass die Entührer mit den Taliban nicht unbedingt gemeinsame Sache machten, doch vorsichtig gesagt freundschaftlich verbunden waren. Schliesslich hat der freigepresste Masood früher in Kabul gewohnt und besetzte gegen den Willen des damaligen Bewohners die ehemalige Botschaft Österreichs.

Die alten A-Terminals sind in Afghanistan fest in der Hand der Militärs und der Politik, doch wenn man besonders aufmerksam hinhört, erfährt man, dass in diesem Land an moderner Kommunikation kräftig gebastelt wird. Und wenn man noch genauer hinhört, dann geht es um Verträge mit US-"Firmen", obwohl Afghanistan mit einem US-Boykott belegt ist. Eine Firma mit Namen „TSI" (biite nicht mit der vorliegenden Zeitschrift verwechseln) hatte ursprünglich einen US-Sitz. Am 2.10.98 unterzeichnete sie in Afghanistan einen Telekommunikationsvertrag über 180 Mio US$. Unterschrieben hat von der US-Seite wahrscheinlich ein „Dienstmann", denn offiziell gab es die TSI in den USA nicht. Fortan trat die besagte Firma recht aggressiv auf und verdrängte nach und nach eventuelle Konkurrenten aus Westeuropa. So setzte man eine 3.7m C-Band Antenne für V-Sat direkt vor die 2.7m Antenne eines europäischen Mitbewerbers.

Die Machenschaften sind mir aus Unterlagen bekannt, doch eine Veröffentlichung ist zum derzeitigen Zeitpunkt aus Gründen des Quellen-Schutzes nicht möglich. Als die Sache ruchbar wurde, wurde aus TSI plötzlich ein englisches Unternehmen. Im Machtrausch haben die Schlapphüte sich wohl irgendwie übernommen. Das Geld wurde in einem GSM-Projekt verbraten (kann sich eh dort kein Mensch leisten) und neues musste her. Und damit die ganze Geschichte nun richtig eine „Forsyth"-Story wird, taucht nun als Unterhändler bei europäischen Banken ein „Consultant" auf, der mal schnell 30 Mio. Euro locker machen soll. Alle Beteiligten sagen ihm einen deutlichen Stasi-Stallgeruch (Geheimdienst der Ex-DDR) nach. Und da diese Leute als sehr effizient eingestuft werden, hat eine Satcom-Organisation aus Europa als dortigen Statthalter einen Bruder im Geist unseres „Consultants" federführend eingesetzt. Dieser Dr. X (der wirkliche Name ist dem Autor bekannt) scheint das Land recht gut zu kennen, denn seine langen Jahre im Dienste am Volk in der Berliner Normannenstrasse haben ihn einiges gelehrt und das kommt nun seinem neuen Arbeitsgeber zugute. Auch eine Art von Resozialierung.

Unsere Ex-US, dann UK-Firma hat sich inzwischen in einem Joint-Venture mit der afghanischen Telecom versteckt und nun läuft die ganze Geschichte unter „Afghan Wireless Communication Company" (AWCC). Allerdings laufen immer noch alle Telefonate mit dem Prefix 0093 über die Londoner TSI-Anlage.

Diese ganze Geschichte – leider noch immer etwas verworren – ist das Resultat von einem Monat intensiver Nutzung aller Satelliten-Kommunikation. Es wurden keine aussergewöhnlichen Mittel eingesetzt. Ausser der Zeit

M Tulasi,
G Prasadbabu,
Mustaq Ahmed,
S
Dhanashekhar,
R P Kanau,
S Gupta,
A Gupta,
S Dhital,
R Pathak,
Mst M
Maheshwari,
Mr
Maheshwari,
Mrs
Maheshwari,
S Dubey,
Mrs S Dubey,
K Dubey,
H Maheshwari,
Neena,
S Kumar,
A Kumar,
S Singh,
S K Bansal,
S Gupta,
L N Gupta,
P Bansal,
A A Kathuria,
R K Sharma,
Mrs S Sharma,
Mst S Sharma,
P Kataria,
R Kataria,
A Gupta,
H Gupta,
V V Moreno,
F C Rodriguez,
V R Moore,
S Singotia,
Mrs S Singotia,
Dr S
Bhattacharya,
A K

R D Dahali,
Mr Kalra,
K Koul,
C M Tyagi,
G Tyagi,
S Agarwal,
R
Parthasathy,
Y Kaur,
V Singh,
S Raghav,
Capt R
Raghav,
A Agarwal,
R Garg,
I Singh,
K Koul,
U Koul,
R Kulasekar,
V Singh,
A Gupta,
A Joshi,
K K Sharma,
M Tolia,
B Bhojwani,
M Dawer,
C Hisada,
N P
Chapagain,
S Macklian,
J L Shrestha,
Mrs
Shrestha,
B Menon,
Mrs I
Menon,
V Grover,
A Grover,
Mrs Kaur,
R Singh,
Ravi Kumar,
S Goel,
D Goel,
R Kachroo,

S Sethi,
J Bhatt,
R Dogra,
R G
Verma,
S A
Sayyed,
A P Jain,
R Kumar,
S Sahani,
D Singh,
I Taneja,
R Ahuja,
C P
Chhabbra,
R K Tayal,
S Kumar,
A Sethi,
S Kapoor,
P Kalra,
D Kumar,
V Sharma,
K Sharma,
D Johnson,
A Jain,
J Mayoral,
A Lloret,
R Vohra,
S Vohra
plus one
infant,
B K
Tandon,
M Masoch,
G
Macherel,
A Gupta,
V Gupta,
R Katyal,
Mrs R
Katyal,
D K Soni,
A Kumar,
A Agarwal,

S Naithani,
D Goepert,
M Sharma,
F Vougla,
G Goepert,
A Naithani,
Mrs A
Naithani,
N Gangahar,
A Gangahar,
A Jain,
Mrs A Jain,
S Jain,
Ms A Jain,
P Baisla,
A Baisla,
K Baisla,
K Guru,
G Tanrakar,
H Shrestha,
N Mahesh,
G Baisla,
A A Sharma,
S Kar,
R P Singh,
Mr
Khandelwala,
R Giori,
Calabresia,
P Ward,
R Grover,
A Khurana,
S Sharma,
S Brara,
U B Bhat,
S A Qazi,
S A Qazi,
S A Qazi,
S A Qazi,
P Garg,
S Garg,
James,
I Verma plus
one infant,

war der grösste Aufwand die Hardware: die beiden Receiver. Die ebenfalls genutzte Software Hoka C3G-Professional ist auch recht teuer, doch hier bin ich dem Sponsor lediglich zu Dank verpflichtet.

Die Arbeiten an solchen Geschichten rufen nicht immer Begeisterung bei irgendwelchen Dienststellen hervor. So erteilte dann auch eine Firma aus dem Sicherheitsbereich ihren Mitarbeitern Sprechverbot gegenüber dem Autor. Diese Serie soll nicht zur Nachahmung aufrufen, sondern zeigt lediglich Schwachstellen in der Datensicherheit bei der Satelliten-Kommunikation auf. Vielleicht sollten die Betreiber sich eher um die Behebung von Missständen kümmern.

TELE-satellite berichtete vor mehr als einem Jahr über den löchrigen Nato-Satelliten FltSatCom. Inzwischen sind seine Löcher noch größer geworden. Ungestört wird hier zwischen Italien und Argentinien kostenlos „telefoniert“ und einige Amateure ziehen FltSatcom den eigenen Amateursatelliten vor und arbeiten hier low-power CW mit gerade mal 300mW.

14 The Lost Battle

Vor etwas mehr als zwei Jahren berichtete der Autor dieser Serie über die unbeabsichtigte Nutzung des militätischen Satelliten-System FltSatcom (Fleet Satellite Communication System). Zahlreiche Radiostationen strahlten damals mit ihren Harmonischen in die Uplinkfrequenzen der ungeschützten Satelliten. Das Resultat: weltweiter Genuss kleiner FM-Radiostationen über FltSatcom. Das oft 110 oder 130 kHz breite Signal wurde durch die schmalen Filter der militärischen Transponder gezwängt und es kratzte dementprechend. Auch gab es in jener Zeit unidentifizierten Traffic auf den Satelliten. Es war auf keinen Fall Militär, doch die Herkunft konnte nicht geklärt werden. Eigentlich hätte man die ganze Sache auf sich beruhen lassen können, hätte sich nicht gleichzeitig herausgestellt, dass diese Satelliten so löchrig sind wie ein Emmentaler Käse. Jeder mit ein wenig technischem Verständnis kann die weit offenstehenden Transponder für sich nutzen. Und der böse Feind könnte noch einen Schritt weitergehen und diese Komman-

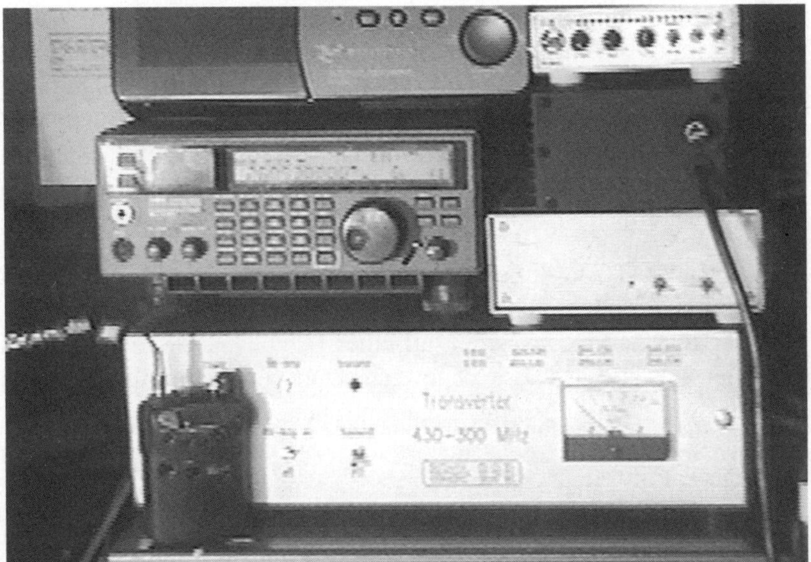

do-Satelliten für die Air-Force, Marine und die Bodentruppen komplett lahmlegen.

Wie man das bei Frequenz-Modulation (FM) macht, hat jeder Ham-Operator für sein Examen gelernt. Zum Glück investieren die Outlaws dieser Welt eher in konventionelle Waffen. Der Preis ist zwar um ein Vielfaches höher als die elektronische Eigenbauwaffe, doch zum Glück fehlt es den Generälen an der nötigen Phantasie.

Kaum war vor zwei Jahren der Bericht erschienen, gab es eine Gegendarstellung des Department of Defence (DoD). Ja, es gab da ein kleines Problem, doch man würde der illegalen Benutzer sehr schnell habhaft werden und außerdem würde die neue Satelliten-Generation UFO (Ultra High Frequency Follow-On) den unkontrollierten Zugriff auf Transponder unmöglich machen.

Die Flotte der UFO-Satelliten löst in der Tat die veralteten FltSatcoms ab. UFO bieten fast doppelt soviel Kanäle und etwa 10% mehr Sendeleistung per Kanal. Die Satelliten basieren auf einer Hughes HS 601 Platform. Ihre Lebensdauer soll etwa 15 Jahre betragen. Und vor allen Dingen sollen sie illegale oder versehentliche Nutzung unmöglich machen.

Gerüchte und Fakten

Eigentlich wollte ich mich in der etwas ruhigeren Zeit zwischen zwei Ausgaben der TSI verstärkt mit dem Empfang der digitalen Daten im aeronautischen Bereich des Inmarsat beschäftigen, doch dazu kam es nicht. Die Gerüchte

über eine illegale Nutzung auch der UFO-Satelliten verstärkten sich und so wurde ersteinmal die alte Kreuz-Yagi für den Bereich 200 bis 300 MHz aus dem Keller geholt und ein angepasster TV-Verstärker angeschlossen.

Der inzwischen schon in die Jahre gekommene AR5000 (es gibt inzwischen eine schon wesentlich bessere Plus-Version) musste wieder herhalten. In der Atlantic Ocean Region (AOR) gibt es je einen UFO auf 15.5° und 24° West. Beim grossen Öffnungswinkel der Yagi ist man sich nie sicher, auf welchem von den beiden man gerade sitzt. Zur Not hört man eben beide gleichzeitig und das macht die ganze Sache noch spannender.

Nur nicht an diesem Tage. Gar nichts war zu hören. Die Dinger werden doch wohl nicht so sicher sein, dass selbst das US-Militär sie nicht mehr nutzen kann? Nein, es lag nicht am UFO, sondern schlicht und einfach: die Kreuz-Yagi hatte einen Knacks. Schnell fand sich im Antennenvorrat ein Ersatz in Form einer normalen 7 Element Yagi für lineare Signale, denn die Signaldämpfung kann man in Kauf nehmen.

Und da waren dann auch die vertrauten Signale: die Navy auf 269.750 und 269.650 und eine Unmenge von militärischem Data-Traffic. Peinlich genug, die Dinger kann man sogar mit frei erhältlicher Software von HOKA mitlesen.

Zumindest funktionierte das auf 253.950 MHz. Diese Frequenz gehört allerdings zum NATO-4A, wenn man die Charts vergleicht. Hier spielte das italienische Militär (Rufzeichen IDR). Allerdings ist der Inhalt recht lang-

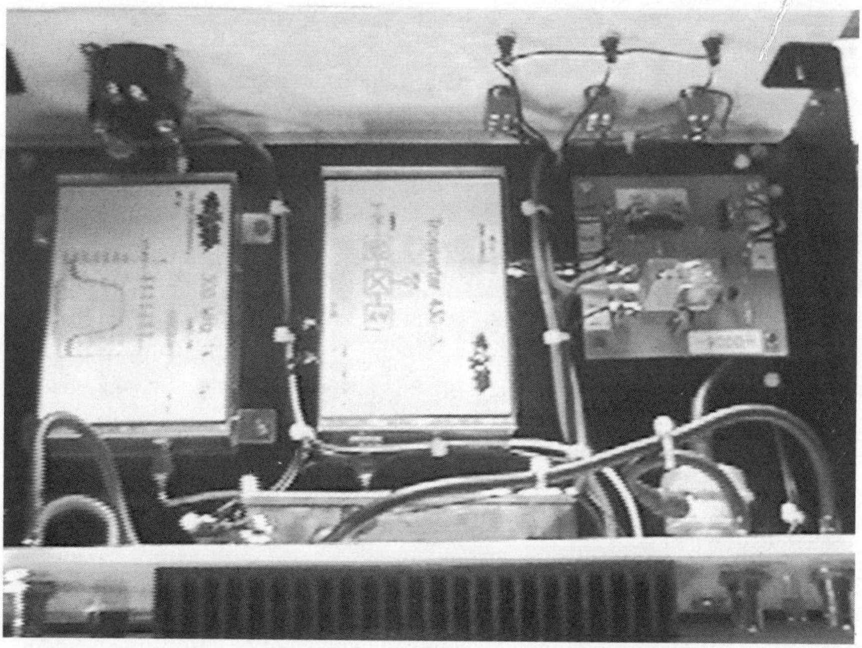

weilig und ohne jeden Zusammenhang für den Laien. Na gut, militärischer Verkehr ist schließlich das Geschäft dieser Satelliten.

Wie sieht es denn nun aus mit den Harmonischen vergangener Tage? Das erste Gerücht bestätigte sich schnell. Auf 254.100 MHz krächzte Super Radio de Bogotá lustig aus dem Lautsprecher und auf 253.950 MHz war dann auch meine Lieblingsstation aus Arica/Chile wieder zu hören. Nicht allzu stark, doch immerhin.

Wenn das immer noch funktioniert, dann dürfte das zweite Gerücht, die Satelliten werden durch Piraten genutzt, auch stimmen. Mit diesem Gedanken im Hinterkopf war ich dann auch nicht mehr allzu überrascht, als ich auf 260.525 MHz italienische Laute hörte, die keineswegs einen militärischen Ursprung hatten. Und mit etwas Gewöhnung an die Sprache, stellte sich schnell heraus, dass der Gesprächspartner von „Ricardo" in Argentinien saß und es hier um einen gemütlichen Familienplausch ging. Viele italienische Familien haben sich vor zwei Generationen in Argentinien niedergelassen, doch die Bindung zur Heimat ist sehr eng.

5 KHz höher traf ich auf „Igor", ebenfalls im Plausch mit Südamerika. Allein auf der AOR-Position ließen sich innerhalb einer Stunde bestimmt 20

verschiedene „Besucher" auf dem UFO finden. Je später der Abend, desto mehr Gäste kamen. Die Qualität der einzelnen Verbindungen ließen auf erstklassige Transceiver schliessen. Dachte ich damals im Januar 2000.

Am folgenden Tage wurde auch mal die 70° Ost-Position abgeklappert und auch hier war es dasselbe. Nur wesentlich exotischer. Ganz aus Versehen hat sich auf diesem Satelliten auch ein bulgarisches Taxiunternehmen mit seinen Nebenabstrahlungen auf 268.450 MHz niedergelassen. Das war der erste globale Taxifunk mit regionalen Fahrgästen.

Wie schön, dass es das Internet gibt und wenn man sich ein wenig anstrengt, stößt man auch auf die Gruppen, die immer ein wenig mehr wissen. Nicht ganz einfach ist es allerdings, einen direkten Kontakt zu einem der UFO-Nutzer zu bekommen. Das braucht einfach Zeit und eine Menge Vertrauen gehört auch dazu.

Nach ca. einem Monat war es geschafft. „Leo" wohnt im Süden Mitteleuropas und gilt bei der Gilde der UFO/FltSatCom-Nutzer als alter Hase. Beruflich ist ihm das Terrain nicht ganz fremd. Einige Stunden Fahrt und ich stand vor einem recht unauffälligen Einfamilienhaus. Einmal im Wohnzimmer, sah man durch das Fenster den rückwärtigen Garten und da sah es schon gar nicht mehr so unauffällig aus. Eine mir sehr bekannt vorkommende Yagi wurde durch einen 180cm-Spiegel mitgeführt. Weiterhin gab es zwei fest installierte Inmarsat-Antennen. Einmal als Erreger in einem 120cm-Spiegel in Richtung POR und die andere war eine ziemlich lange Helical in Richtung AOR-E. Das Ziel meines Besuchs war natürlich die Technik, die dahinter steht.

Und so soll es nicht gemacht werden

Allzutief wollen wir hier nicht in Leons Geheimnisse eingehen, denn dies soll keine Bauanleitung werden. Bei aller Begeisterung für die angewandte Technik: der Betrieb solcher Anlagen ist nun mal illegal.

Angesprochen auf die recht gute Übertragungsqualität, lachte unser Leo und zeigte mir seine erste Anlage. Der Beginn ist ein handelsüblicher 2m-Amateursender, dessen Ausgangsfrequenz durch einen simplen Dioden-Doppler (Varactor) in den Bereich von z.B. 294.025 MHz gebracht wird. Das entspricht der Uplink-Frequenz. Der passende Downlink wäre dann 260.425 MHz.

Die Sendeleistung ist kein Problem: bei 20-25 Watt Eingang kommen aus diesem „Transverter" immer noch rund 8 bis 10 Watt heraus und das ist ausreichend.

UHF-Satcom frequencies (Atlantic-ocean Region)

UFO3, UFO7, UFO9, NATO4-A(B), FLTSATCOM-8 satellites

dec#	hex#	uplink	downlink	plan#		
208	DO	317.095	243.995	A20	O19	
210	D2	317.105	244.005		O20	
212	D4	317.115	244.015		O21	
213	D5	317.125	244.025		O22	
214	D6	317.135	244.035		O23	
215	D7	317.145	244.045	B11	O24	
216	D8	317.155	244.055	B12	O25	
217	D9	317.165	244.065	B14	O26	
218	DA	317.175	244.075	B16	P19	
219	DB	317.185	244.085	B18	P20	
221	DD	317.195	244.095	B20	P21	
223	DF	317.205	244.105		P22	
225	E1	317.215	244.115		P23	
226	E2	317.225	244.125		P24	
227	E3	317.235	244.135		P25	
228	E4	317.245	244.145	C11	P26	
145	91	302.575	248.975	G6	O27	
146	92	302.585	248.985		O28	
147	93	302.595	248.995		O29	
149	95	302.605	249.005		O30	
150	96	302.615	249.015		O31	
151	97	302.625	249.025	G8	O32	
152	98	302.635	249.035		O33	
153	99	302.645	249.045		O34	
155	9B	302.655	249.055		O35	
156	9C	302.665	249.065		O36	
157	9D	302.675	249.075	G10	O37	
158	9E	302.685	249.085		O38	
159	9F	302.695	249.095		O39	
161	A1	302.705	249.105		P27	
162	A2	302.715	249.115		P28	
163	A3	302.725	249.125	G12	P29	
164	A4	302.735	249.135		P30	
165	A5	302.745	249.145		P31	
167	A7	302.755	249.155		P32	
168	A8	302.765	249.165		P33	
169	A9	302.775	249.175	G14	P34	
170	AA	302.785	249.185		P35	
171	AB	302.795	249.195		P36	
173	AD	302.805	249.205		P37	
174	AE	302.815	249.215		P38	
175	AF	302.825	249.225	G16	P39	
3	3	SHF	250.450	A1	O1	
5	5	SHF	250.550	B1	P1	
10	0A	292.950	251.950	A2	O2	
11	0B	293.050	252.050	B2	P2	
14	0E	294.650	253.650	A3	O3	
15	0F	294.750	253.750	B3	P3	
xx	xx	307.550	253.950	NATO?SKYNET?		(Ita
xx	xx	307.700	254.100	NATO?SKYNET?		
18	12	296.350	255.350	A4	O4	
19	13	296.450	255.450	B4	P4	
22	16	297.950	256.950	A5	O5	
23	17	298.050	257.050	B5	P5	
xx	xx	311.050	257.450	NATO?SKYNET?		
xx	xx	311.200	257.600	NATO?SKYNET?		
26	1A	299.450	258.450	A6	O6	
27	1B	299.550	258.550	B6	P6	

Störend bei der Verdoppelung ist allerdings auch die Verdoppelung der Bandbreite und das sollte tunlichst unterlassen werden. Nein, Leo benutzt dieses System nicht mehr, sondern geht aus dem 430 MHz-Bereich um 130 MHz nach unten. Angesteuert wird dieser echte Transverter durch einen kleinen tragbaren Sender mit gerade mal 250 mW. Am Ende werden regelbar zwischen 2 und 25 Watt abgegeben.

Selbstgebaut? „Nein", meinte Leo „dies Ding habe ich mir von einem Profi bauen lassen. Der bekam einfach einen Auftrag mit den technischen Daten und lieferte dann erstklassiges Material". Lachend meinte Leo noch: „der hat nie rausgekriegt, was er da eigentlich gebaut hat, denn die Einzelkomponenten wurden von mir zusammengesetzt".

48	30	294.025	260.425	A23-4	P11
52	34	294.125	260.525	A23-8	P12
54	36	294.175	260.575	A23-10	O11
58	3A	294.275	260.675	A23-14	O12
xx	xx	295.000	261.400	xx	
xx	xx	295.025	261.425	xx	
66	42	295.050	261.450	B23-1	
67	43	295.075	261.475	B23-2	
68	44	295.100	261.500	B23-3	
69	45	295.125	261.525	B23-4	
70	46	295.150	261.550	B23-5	
71	47	295.175	261.575	B23-6	N13
72	48	295.200	261.600	B23-7	
73	49	295.225	261.625	B23-8	P13
74	4A	295.250	261.650	B23-9	
75	4B	295.275	261.675	B23-10	N14
76	4C	295.300	261.700	B23-11	
77	4D	295.325	261.725	B23-12	P14
78	4E	295.350	261.750	B23-13	
79	4F	295.375	261.775	B23-14	N15
80	50	295.400	261.800	B23-15	
81	51	295.425	261.825	B23-16	P15
82	52	295.450	261.850	B23-17	
83	53	295.475	261.875	B23-18	N16
84	54	295.500	261.900	B23-19	
85	55	295.525	261.925	B23-20	P16
86	56	295.550	261.950	B23-21	
111	6F	297.225	263.625	W2-4	P17
115	73	297.325	263.725	W2-8	P18
117	75	297.375	263.775	W2-10	O17
121	79	297.475	263.875	W2-14	O18
30	1E	306.350	265.350	A7	O7
31	1F	306.450	265.450	B7	P7
34	22	307.850	266.850	A8	O8
35	23	307.950	266.950	B8	P8
38	26	309.250	268.250	A9	O9
39	27	309.350	268.350	B9	P9
42	2A	310.750	269.750	A10	O10
43	2B	310.850	269.850	B10	P10

Ob er keine Angst habe, erwischt zu werden. Nein, das könne er sich nicht vorstellen. Sollte ein Transponder anderweitig belegt sein oder werden, würde man sich sofort zurückziehen, um unnötige Störungen zu vermeiden.

Allerdings ist der Berieb in der Nähe eines Militärflugplatzes nicht anzuraten, da es da durch das gemeinschaftlliche Band (Flugfunk in AM /UFO in FM) zu Problemen kommen könne.

Was ihn zu diesem etwas seltsamen Hobby treibe sei der regelmäßige Kontakt zu ehemaligen Kollegen in Übersee und Freunden in aller Welt, die diese Satelliten nutzen. Die meisten als kostenloses Telefon zwischen einem entfernten Arbeitsplatz (z.B. Tschad) und der Familie oder Freunden im Heimatland.

Mir war allerdings aufgefallen, dass auf der 70°O-Position Frequenzen sehr lange durch unterschiedliche Gespächspartner genutzt werden. Meine Vermutung wurde durch Leo bestätigt: es sind pakistanische „Telefon-Unternehmer", die gegen gutes Entgelt (doch immer noch wesentlich billiger als die nationale Telefongesellschaft) Telefonate via UFO und FltSatcom zwischen Pakistan und dem Mittleren Osten anbieten. Im Mittleren Osten gibt es dann eine gleiche Station und die pakistanischen Gastarbeiter gehen dann in die „Telefonbude", um mit der Familie daheim zu sprechen. Selbst Phone-Patch gibt es da schon.

Fazit
Eine gewisse Sympathie für die Technik-Freaks auf dem UFO kann man wohl kaum verhehlen. Doch zeigen diese Schwachstellen des Systems auch, wie schnell so einer dieser taktischen und für das Militär unverzichtbaren Satelliten das Opfer internationalen Terrorismus werden könnte. Jeder Elektroniker kennt den geringen Aufwand und den erreichbaren Schaden.

(Mein Dank geht an Igor, Leo, Frank und andere. Der Empfang dieser Satelliten ist nicht in jedem Land gestattet und das Senden grundsätzlich verboten!)

15 Illegale Diamanten aus Sierra-Leone

Ungewollt hat die letzte Story (The Lost Battle) für einige Unruhe gesorgt. Ein kommerzieller TV-Sender wollte es exklusiv ganz genau wissen und besetzte kurzfristig das Haus, damit der Beweis angetreten werden konnte, dass man wirklich US-Militärsatelliten als kostenloses Telefon nutzen kann. Er wurde angetreten.

Nein, dies war nicht das Problem. Eher schon die endlosen Telefonate und E-Mails von Leuten, die alles ganz genau wissen wollten. Nun, alles wird nicht verraten, und die kleine Gruppe der „Wissenden" richtet auf diesen Satelliten zum Glück keinen Schaden an.

Schaden wollte offensichtlich ein anderer Herr anrichten, der sich noch heute meldet und „zum gegenseitigen Vorteil" ein Treffen im Holiday-Inn am Airport Brüssel vorschlägt. Und ganz böse ist der Anrufer, der – frei nach Ex-Bundeskanzler Adenauer – einen Abgrund von Landesverrat wittert, doch eigentlich will auch er nur wissen, wie es funktioniert.

Nachzutragen wäre zu der Geschichte noch, dass die globale, aber kleine Gruppe der Spezialisten ein neues Opfer entdeckt hat. Diesmal ist der Osten dran. Die 11° West Position wird von einem Gorizont besetzt und der hat neben seinem C-Band auch noch einen Volna-Transponder im L-Band (1.5/1.6 GHz). Dieser Transponder ist Inmarsat-kompatibel und wird über die Bodenstationen Tomilino, Odessa und Nakhodka kontrolliert.

Dies alles ist ziemlich bekannt. Unbekannt ist bisher, dass auch dieser Satellit durch Piraten unbekannter Herkunft (wahrscheinlich Rebellen aus S/O-Asien) „genutzt" wird.

Auf Inmarsat-Tour

Eigentlich war das Ziel die Philippinen, denn da saß immer noch eine Gruppe von Geiseln fest, die für die kriminelle Geldgier einiger sog. Freiheitskämpfer herhalten musste. Doch ein Frühjahrsunwetter und der nicht gerade überzeugende Eigenbau einer L-Band-Antenne machten den Empfang

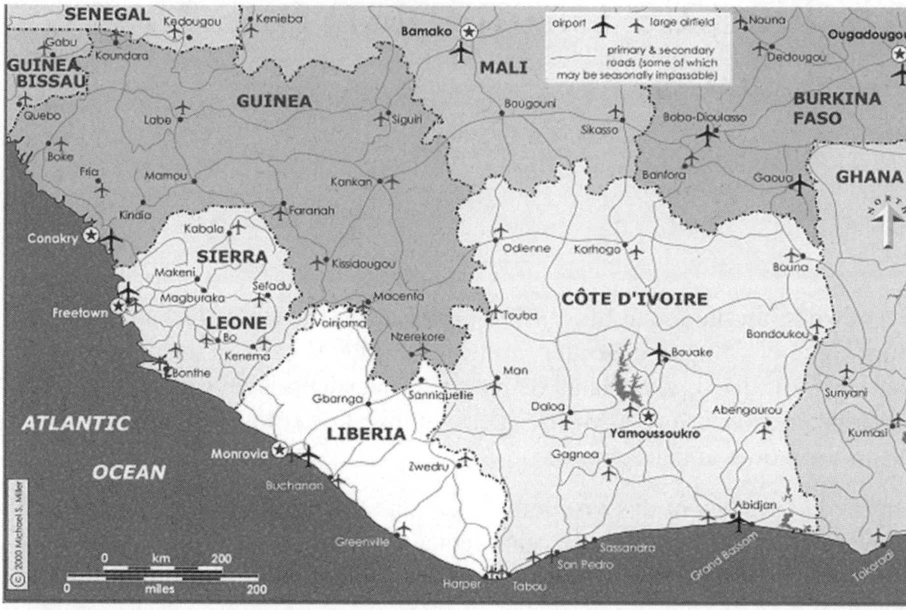

unmöglich. Die Antenne war abgesoffen und der Amplifier gab aus Sympathie auch gleich seinen Geist auf.

Rettung kam in letzter Minute aus England. Time-Stephens Dave Cawley packte das Mitleid und zwei Tage später traf eine sauber verarbeitete und einen Meter lange Helical-Antenne für das L-Band ein.

Zum Lieferumfang gehörten ein kräftiger Amplifier, die Stromversorgung und 15m Kabel. Die gesamte Montagezeit am Ausleger der Drehanlage dauerte keine 10 Minuten.

Bereits auf dem AOR-Inmarsat machte sich die gewaltige Verbesserung bemerkbar. AFN hatte endlich die richtige Radioqualität. Danach ging es dann sofort nach Osten zum IOR-Inmarsat. Das eigentliche Zielgebiet.

Nein, das besondere Abhör-Erlebnis gab es hier nun wirklich nicht. Offensichtlich sind die Geiseln längst von anderen Nachrichten überrollt worden.

Einige Journalisten berichteten von der Front. Sie langweilten sich offensichtlich und das hörte man auch in der Berichterstattung. Nur ein deutscher TV-Reporter versuchte, aus einem Besuch bei den Geiseln den ultimativen Horrortrip zu machen und berichtete aufgeregt von der lebensbedrohenden Reise in den Dschungel. Off air meinte er dann gegenüber den Heimatre-

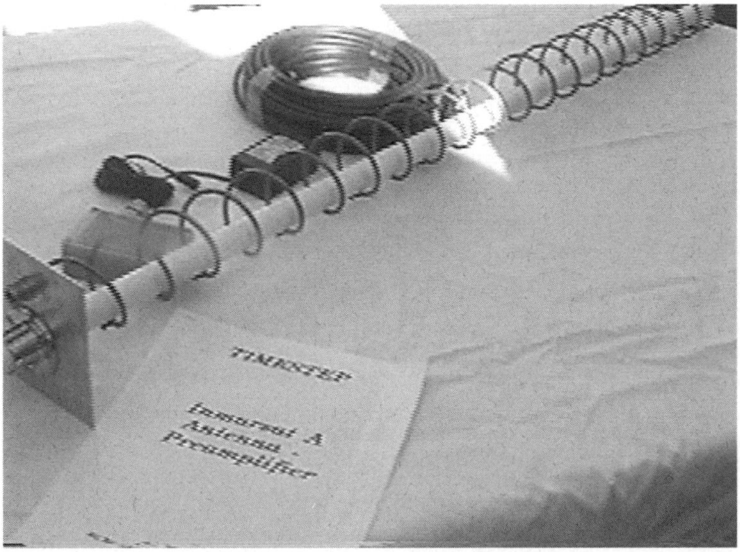

dakteuren, dass die ganze Sache recht harmlos war und eher eine Frage des „Fahrpreises“.

Dies war nun doch zu langweilig. Also zurück zur guten alten AOR-Position.

Sierra-Leone

Freitag waren alle Manuskripte abgeliefert und draußen regnete es in Strömen. Grund genug, es sich mit drei Litern Kaffee vor der Empfangsanlage gemütlich zu machen. Aus Faulheit werden die Receiver innerhalb der beiden Inmarsat-Bänder (L und C) auf langsamen Scanbetrieb geschaltet. Mein Lieblingsinformant hatte einen dicken Brief mit Bildern seiner professionellen Monitorstation geschickt. Nein, zeigen dürfen wir die Fotos nicht. Auch wenn’s weh tut.

Entschädigung folgte sofort in Form von den lang ersehnten Listen der „Land Earth Station Operators“ (LES) für die Inmarsats mit allen Parametern. Eine erhebliche Erleichterung bei der zielbewussten Suche.

Nachrichtenagenturen meldeten aus Sierra-Leone schwere Auseinandersetzungen zwischen Rebellen und Regierungstruppen, wobei eigentlich nicht ganz klar war, ob die Regierungstruppen vielleicht nicht auch Rebellen sein könnten. Mehr gab’s nicht in dieser Welt, also auf nach Sierra-Leone, und da bleiben die Receiver im Scan-Betrieb schon fast von selbst hängen.

UNITED NATIONS NATIONS UNIES

UNITED NATIONS MISSION IN SIERRA LEONE
(UNAMSIL)

INTEROFFICE MEMORANDUM

FAX: TEAM SITE COMMANDER, KENEMA

FROM: OIC ENGINEERING SECTION UNAMSIL HQ, FREETOWN

DATE: 2 MARCH 2000

NO. OF PAGES TWO (2)

SUBJECT: MESSAGE FOR UNAMSIL ENGINEER MR. RODNEY PERERA CURRENTLY WORKING IN KENEMA

PRIORITY: URGENT

AAA. GRATEFUL IF YOU COULD PASS THE BBB MESSAGE TO MR. PERERA ASAP. MANY THANKS

BBB. RODNEY PLEASE GO IMMEDIATELY TO DARU AND RECTIFY THE INDBATT WATER SUPPLY PROBLEM. YOU ARE TO STAY IN DARU UNTIL THIS IS SORTED OUT. COMMUNICATE ANYTHING YOU REQUIRE, OR ANY PROBLEM YOU CANNOT SOLVE TO THIS OFFICE BY ANY MEANS, SUCH AS MESSAGE WITH HELICOPTER CREW ETC.

OPEN MOP IS WITH THIS FAX.

GOOD LUCK.

Rodney Pls. contact the CO Andball

Allerdings, um das Englisch dort zu verstehen, musste man schon ganz in den Lautsprecher kriechen. Die jeweiligen Seiten waren kaum auszumachen. Auf jeden Fall hört es sich militärisch an. Immer wieder fiel der Ortsname Masiaka.

Und das wusste ich inzwischen: der Ort war in die Hände der Revolutionary Uni Front (RUF) gefallen und offensichtlich hatte man sich einige UN-Peacekeeper eingefangen und wollte sie gerne als Unterpfand behalten.

Die RUF-Leute hatten sich offensichtlich aller Kommunikationsmittel in der Region bemächtigt, denn auch aus den Orten Quivar und Kailahun kam die Meldung, man hätte rund 250 UN-Truppen entführt. Auch der Fax-Verkehr schien aus der Gegend zu kommen.

```
STATUS.             Page  1      UTC Time: 00-05-25  __:_0:43

 HARDWARE.     System Clock 2000-05-25  17:50
 Synth's   LO 1/2    Corr.A/C/R     Dif/Temp  RX/TX/AGC/FIFO  R/C-B/B/S
 1  yes    1700mV       2240mV       10Hz         105mA          00H
 1a yes                 2120mV       36d.C        2500mA         00H 00H
 2  yes    unused       1460mV                    31_0mv         1 926
 3  yes                                            yes           5

 SOFTWARE:     Version 2.20. 96-01-12,    Service 96-07-01 by LEL
 Synchronization         : yes            Serial no          :  9610302
 Logged in               : no             Mobile no          :  4294967275
 TDM type                : NCS            Preferred ocean    :  None
 TDM channel number      : 11080
 Current channel         : NCS
 Current protocol        : Free
 TDM origin              : 44
 TDM frame number        : 74_3
 BD error rate           :   0 of 100
```

Fax via Satellit ist immer noch ein ziemlich schlecht gelöstes Problem und erst mit Erscheinen diese Berichts wird es eine sehr gute – allerdings auch sehr teure -Softwarelösung geben. Doch gehen tut's auch so allemal. Auch wenn nicht jeder Text lesbar ist.

Immerhin ist es verdammt leicht – und leichtsinnig der Absender – „Interoffice Memoranden" der Vereinten Nationen mitzulesen. In diesem Fall sind es die internen und vertraulichen Berichte der UNAMSIL (United Nations Mission in Sierra-Leone).

Nun fragt man sich, wie sich die Rebellen finanzieren. Früher gab es die Machtblöcke und die förderten lustig die jeweils sympathische Seite. Heute gibt es natürlich noch die Waffen, doch da wird nicht mehr mit Ideologie bezahlt, sondern mit echtem Geld.

Wie die nun an dieses Geld kommen, wurde per Zufall entdeckt. Zwischen all dem Traffic findet man schnell „Geschäftsleute", die mit Aufkäufern in Antwerpen (Nummern-Auslese) über den Verkauf grosser Mengen von Diamanten verhandeln. Deutlich am Diamanten-Kartell vorbei, denn es gibt genaue Transportanweisungen und Warnungen vor den Untersuchungen der ECOWAS (Economic Community of West African Countries).

Sierra-Leone ist reich an Diamanten, doch alle Minen befinden sich im Rebellen-Territorium. International ist im Moment der Handel mit Diamanten aus diesem Land verboten. Nicht einmal die ehrenwerten Aufkäufer lassen sich davon beeindrucken. Zumal es Dumping-Preise gibt.

Und wenn man mal Feuer gefangen hat und die Kaffekanne nochmals auffüllt, bekommt man am Ende eines langen Tages eine Liste bekannter Namen aus Europa und den USA zusammen.

Die Wege zum Abnehmer lassen sich recht gut verfolgen. Anscheinend geht die heisse Ware nach Pendembu und von dort über die Grenze nach Belle Yella in Liberia. Über Monrovia verlassen die Steine dann den afrikanischen Kontinent.

Fazit

So finanziert der welweite Diamantenhandel die Rebellen in Sierra-Leone und die Steuerzahler der Welt die UN-Aktivitäten, die neben anderen Aufgaben diesen Handel unterbinden sollen.

Ob man nun einen US-Militärsatelliten anzapft oder sogar in böser Absicht lahmlegt, oder aber an nur einem Tag sich die Namen von 7 illegalen – und teilweise namhaften – Diamantenaufkäufern besorgt, der technische Aufwand ist immer äusserst gering.

Ermittlungsbehörden fordern immer mehr Mittel zur Bekämpfung irgendwelcher illegalen Aktivitäten. Wie wär's zur Abwechselung mit kleinem Budget und viel Phantasie?

16 Fax via Satellit

Es sollte eine ruhige Sommerzeit sein, ein wenig Urlaub, um so wie jedes Jahr das schöne Wetter auszunutzen, um die Außeneinheit meiner Monitorstation auf Vordermann zu bringen. Doch die Zeit reichte gerade mal, die wirklich gute – und wenn auch nicht ganz billige – Helical-Antenne (TimeStep) für den Inmarsat-Empfang drehbar für die AOR- und IOR-Positionen zu montieren.

Dann kam der Dauerregen, und das Geschenk von Ivan und Gabor aus Budapest – zwei hervorragende log-periodische Antennen für die UHF-Satelliten – warten noch heute auf ihren Einsatz.

Was übrig blieb war, sich bei dem Wetter um andere Projekte zu kümmern. Da gab es das persönliche Kommunikationssystem EVOL meines Partners L.RH. Zumindest das machte Fortschritte und ich hatte meinen Teil geliefert. Eigentlich sollte ein zweites Projekt – „Diagramm“ in dieser Ausgabe erscheinen, doch auch da fehlten bis zum Redaktionsschluss noch die Praxistests.

Der AOR musste gegen die neue Plus-Version ausgewechselt werden und es bedurfte einiger Recherchen zum Thema Missbrauch von militärischen Satelliten. Seit der Veröffentlichung in TSI und einer Reportage im deutschen TV-Sender SAT-1 gab es einige Informationen zum Thema, die es wert waren, weiterverfolgt zu werden.

Ein großes Problem war bis zu diesem Zeitpunkt immer noch die Entschlüsselung vom Fax-Verkehr via Satellit. Natürlich hatte ich einige Erfolgserlebnisse, doch die beruhten eher auf Zufall. Und um gezielte Fax-Informationen zu erhalten, bedurfte es eines Zeitaufwands von Tagen. Auch die saubere Kopie war fast nie möglich.

Schließlich wurde nur mit handgestrickten Lösungen gearbeitet. Das Gerücht, es gäbe eine bezahlbare (was man auch immer darunter versteht) Lösung, tauchte immer wieder auf. Das würde bedeuten, wenn so etwas bezahlbar und auch noch richtig arbeiten würde, wäre der internationale Fax-Verkehr in punkto Daten-Sicherheit auf das Ärgste gefährdet.

Ein Bekannter – der in einer polizeiähnlichen Institution arbeitet – meinte, ich könne mir das aus dem Kopf schlagen. Noch nicht einmal sie hätten die technische Möglichkeit, Faxe via Satellit zu lesen. Naja, wenn ich daran denke, dass dieselbe Behörde bei der Geiselnahme europäischer Bürger durch den Irak noch nicht einmal in der Lage war, die Lebenszeichen über ein Feed-Signal im C-Band zu empfangen, und ich denen das Tape liefern

musste, damit wenigstens die betroffenen Familien benachrichtigt werden konnten, war's mit deren Technik wohl nicht so weit her.

Immerhin, mein auffälliges Suchen nach einer Lösung hatte sich wohl inzwischen herumgesprochen. Auf jeden Fall meldete sich ein Informant und innerhalb von wenigen Minuten hatte ich die Daten der Firma Iberavia in Lissabon.

Kaum zu glauben, doch meine Anfrage wurde positiv beantwortet. Man habe, was ich suche. Offiziell ist es zwar eine Software um, Fax-Verbindungen zu testen, doch fragt man sich da, warum ganz obskure Dienste sich eine solche Software zulegen. Testen von Fax-Verbindungen gehört ganz bestimmt nicht zu deren Aufgabenbereich.

Sollte es wirklich wahr sein, dass jeder kleine Wirtschaftsspion mit verhältnismäßig kleinem finanziellen Aufwand tatsächlich gezielt Fax-Berichte mitlesen kann?

Vielleicht war es ja auch nur eine Ente. Mit dieser Ungewissheit und einer Konto-Nummer aus dem fernen Portugal musste ich nun meinen Verleger von der Notwendiglkeit der Anschaffung überzeugen. Erst nachdem ich

; 0 +49 30 2004 8240 11/05/00 10:01:36

11/05 '00 DO 11:59 FAX +49 30 2004 8240 BMVg Berlin Presse-LZ

Bundesministerium der Verteidigung **Telefax**

Stauffenbergstraße 18, 10785 Berlin

Absender, Geschäftszeichen	Bearbeiter	Berlin, 11.05.00
Presse- und Informationsstab 1 - Sprecher Hörfunk/Fernsehen -	OTL i.G. Dobrig	TelNr (030) 2004 - 8238 FaxNr (030) 2004 – 8240

Empfänger (Name/Dienststelle)
LdP WBK V/10. PzDiv 090/5460-1138
nachrichtlich: PrStOffz Stab EinsBrig 00871-1122725

TelNr FaxNr

Einstufung Blattzahl (ohne dieses Deckblatt) Zusätzliche Hinweise

Betreff: Antrag auf Drehgenehmigung
hier: SWR

Bezug: Fax Christel Finck vom 10.05.00

Anlage: - 1 – (2 Blatt)

Gegen das o.a. Vorhaben gibt es seitens Pr-/InfoStab keine Einwände.

Im Auftrag

Dobrig
Oberstleutnant i.G.

meine neue Freundin als Unterpfand einbrachte, floss das Geld und die bange Wartezeit begann.

Fax, das offene Buch

Und sie kam, die lang erwartete Software. Natürlich war sie nur für „Technical-Analysis" gedacht. Das Word „processing" stand auch irgendwo ganz unschuldig. Und da die internationalen Schlapphut-Organisationen mit der PC-Entwicklung auf Kriegsfuß stehen, hat man es ihnen etwas leichter gemacht. Da sind die Anforderungen an den PC nicht allzu hoch:

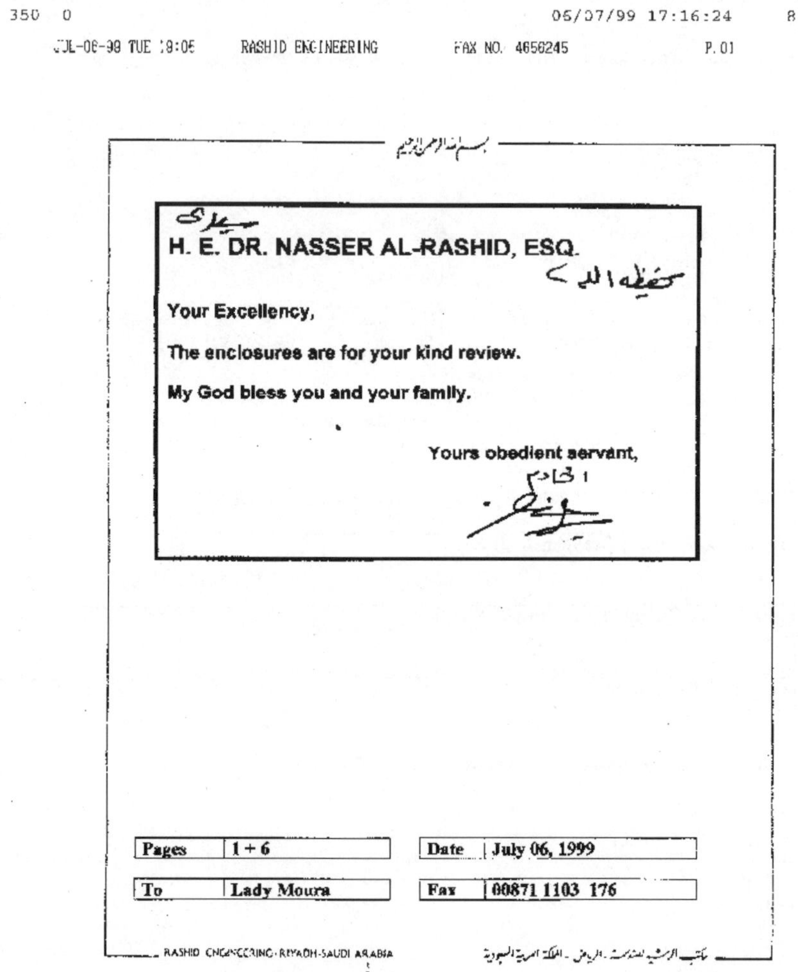

350 0 06/07/99 17:16:24 8

JUL-06-99 TUE 18:05 RASHID ENGINEERING FAX NO. 4656245 P.01

بسم الله الرحمن الرحيم

H. E. DR. NASSER AL-RASHID, ESQ.

Your Excellency,

The enclosures are for your kind review.

My God bless you and your family.

Yours obedient servant,

Pages	1 + 6	Date	July 06, 1999
To	Lady Moura	Fax	00871 1103 176

RASHID ENGINEERING · RIYADH-SAUDI ARABIA

PC-Pentium 200 MHz
32 MB RAM
VIDEO-CARD: höher als 1 MB
Harddisk: 2.1 GB
Verlangt wird Windows 95/98 oder NT/2000

Da die ganze Sache über den Soundblaster läuft, muss der natürlich auch ebenfalls vorhanden sein. Und das war's dann auch schon. Und für die Spezialisten: verarbeitet werde alle Fax-Übertragungen, die mit dem ITU-T Standard (V17, V29 und V27) übereinstimmen.

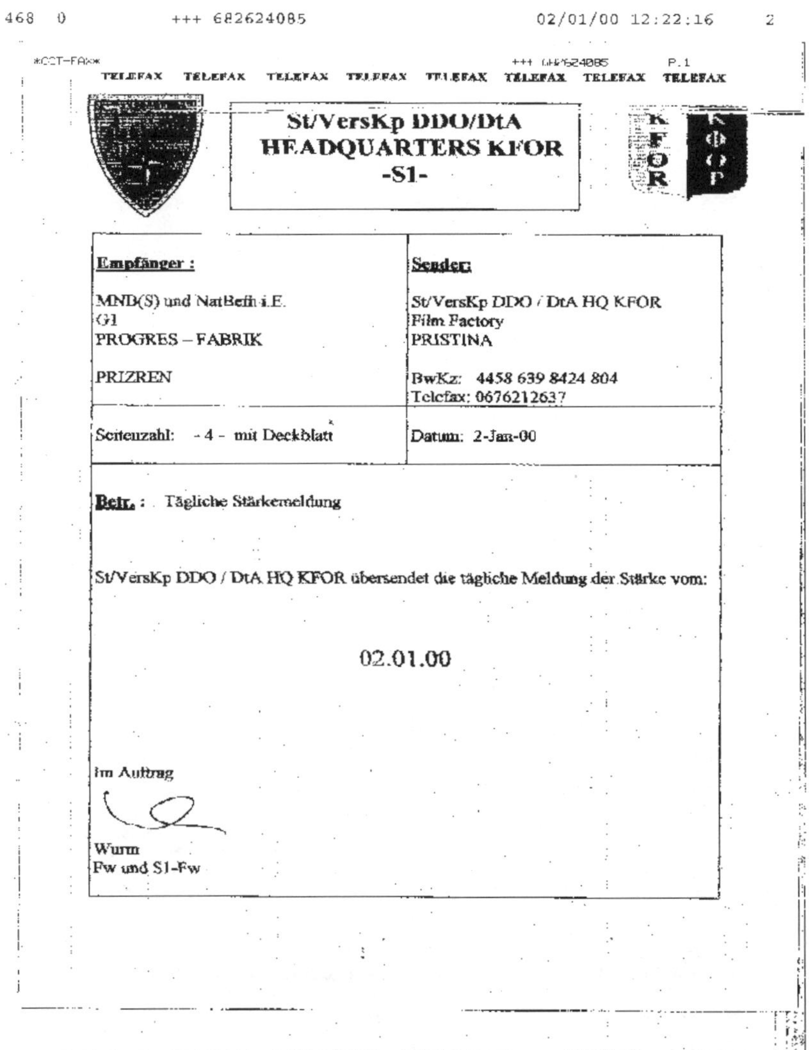

468 0 +++ 682624085 02/01/00 12:22:16 2

TELEFAX TELEFAX TELEFAX TELEFAX TELEFAX TELEFAX TELEFAX TELEFAX

St/VersKp DDO/DtA
HEADQUARTERS KFOR
-S1-

Empfänger :	**Sender:**
MND(S) und NatBefh i.E. G1 PROGRES – FABRIK PRIZREN	St/VersKp DDO / DtA HQ KFOR Film Factory PRISTINA BwKz: 4458 639 8424 804 Telefax: 0676212637
Seitenzahl: - 4 - mit Deckblatt	Datum: 2-Jan-00

Betr. : Tägliche Stärkemeldung

St/VersKp DDO / DtA HQ KFOR übersendet die tägliche Meldung der Stärke vom:

02.01.00

Im Auftrag

Wurm
Fw und S1-Fw

Und was kann nun die Software?

Die automatische Dekodierung von Faxverbindungen via Satellit oder terrestrischem Link. Analysiert wird Zeit und Frequenz. Außerdem erfolgt die Dekodierung der gesendeten Kompression (MH, MR, MMR), vertikale und horizontale Scalierung und die Inversion des Bildes.

In der Autoset-Connection Facility werden auch Non-Standard-Protocols dekodiert. Die Darstellung erfolgt auf dem Monitor und über einen Printer.

.37 0 +45 99624965 1 212 963 4649 07/04/00 20:05:12 1

07/01 '00 FRE 20:03 FAX -45 99624965 COMMCEN ARMY OPCOM 001

UKLASSIFICERET

COMMCEN HOK

HÆRENS OPERATIVE KOMMANDO 0161 '00 APR -7 12:41

O.096.240/SIT03 - 3729

2000-04-07

(bedes anført ved henvendelser)

Til
Se fordelingsliste

Emne: **Koordinationsmøde for Planlægningsgruppe/Fredsstøttende Operationer.**

Bilag:
1. Aktionsliste for PLANGRP/FREOPS.
2. Oversigt over medlemmer af PLANGRP/FREOPS.

1. Aktionsadressaterne indbydes herved til møde i Planlægningsgruppe/Fredsstøttende Operationer (PLANGRP/FRE OPS) ved HOK **ONS 26 APR 2000 kl. 0930. Mødet** gennemføres i Parolesalen, bygn. 482.

2. Tentativ dagsorden.

2.1. Velkomst og Indledning.(SITSEK)

2.2. Gennemgang af Aktionsliste for PLANGRP/FRE OPS jf. bilag 1.(SITSEK)

2.3. KFOR.
- Generelt, herunder status i opstilling, indkomne rapporter m.v. (SITSEK)
- Organisation. (ORGSEK)
- Personel. (PFSEK)
- Uddannelse (PPUSEK)
- Materiel og logistik. (MAT/LOG)
- Signaltjeneste. (OFSEK)
- Driftsarbejder (ETABSEK)

2.4. SFOR.
- Generelt, herunder status i opstilling, indkomne rapporter m.v. (SITSEK)
- Organisation. (ORGSEK)
- Personel. (PFSEK)
- Uddannelse (PPUSEK)
- Materiel og logistik. (MAT/LOG)
- Signaltjeneste. (OESEK)
- Driftsarbejder (ETABSEK)

K:\UDPOS1 UPEXO\MØDEINDKALDELSE, 00-04.DOC ELDOK RUTINE

Postadresse	Telefon	Telefax	Internet
Postboks 69 7470 Karup J.	99 62 49 70 Indvalg: 97 16 15 60 / 79 03	99 62 49 65	hok@hok.dk www.hok.dk

1/6

UKLASSIFICERET

Die Installation ist einfach und geschieht mehr oder weniger automatisch.

Für einen ersten Versuch sind die Satelliten ARABSAT und INMARSAT geeignete Opfer. Was am Beginn wie ein kleiner Test aussah, entpuppte sich am Ende eines Tages als eine recht erfolgreiche Marathon-Sitzung von 6 Stunden. Und die Ausbeute war nicht gerade gering.

Es ist schon erstaunlich, dass verschiedene Ministerien des Inneren und die angeschlossen Polizeiorganisationen ihre Faxe weltweit unkodiert senden. Die Inhalte sind of recht brisant. Da geht es um gesuchte Personen, geplante Einsätze von Sicherheitsorganen und Personendaten, die eigentlich einem besonderen Schutz unterliegen sollten. Nein, die kamen nicht aus der dritten Welt, sondern aus einem EG-Land.

Schon in den ersten Minuten stellte sich heraus, dass hier der Wirtschaftsspionage Tür und Tor geöffnet ist. Nein, es sind nicht die kleinen Handwerker, die ihr Angebot per Fax schicken. Auch nicht die Ladelisten von irgendwelchen Schiffen (obwohl die auch ganz interessant sein können), sondern hier geht es um fette Aufträge z.B. im Öl-Business.

Wenn man zu den reichsten Männern der Welt gehört, sollte man eigentlich noch das Kleingeld für einen Scrambler ausgeben können. Oder man hat einfach schlechte Sicherheitsberater.

So wickelt der Vater allen Öls dieser Welt (seine Name ist bekannt) von seiner Yacht „Lady Moura“ – die übrigens die teuerste private Yacht der Welt ist – in absolut sicherem Gefühl seine Milliarden-Deals ab. Selbst geplante und noch geheime Verkaufsstrategien werden besprochen. Übrigens die Förderquote des Öls wird nochmals erhöht, um den Preis fallen zu lassen. Anscheined gehen die Umsätze zurück

Aber auch das Militär kommt in seinem Sicherheitsdenken nicht besonders gut weg. Manche Faxe der UN-Truppen (Inmarsat C-formatt messages) geben Dinge preis, die eigentlich nicht an die Öffentlichkeit kommen sollten. Als Abfallprodukt lernte der Autor auch noch einen militärischen Kode, um Telefonnummern oder Frequenzen „confidential“ zu übermitteln.

Ganz neu war dem Autor, dass das verhasste Taliban-Regime in Kabul von namhaften westlichen Firmen ein Flugleitsystem bekommt, das über Asiasat läuft. Bisher war eigentlich immer die Rede von einem Handelsembargo. Wahrscheinlich sind die extra erfunden worden, um sie hinterher zu umsegeln. Schließlich treibt das die Preise.

```
161  0                                                30/04/00 18:40:56    14

Tone :  2100 Hz 2101ms
 TX :   DCS  00000000 01100000 00010001 00000000
        RX  -  T.4 operation
        Data signalling rate 9600 bit/s
        Vertical resolution = 3.85 line/mm
        One dimensional coding
        Recording widths 1728 PELS / 215mm
        Max. recording length Unlimited
        Minimum scan line time = 20ms
        Extend field
 TX :   TSI           38991116700
 TX :   DCS  00000000 01010000 00011111 00100000
        RX  -  T.4 operation
        Data signalling rate 4800 bit/s
        Vertical resolution = 3.85 line/mm
        One dimensional coding
        Recording widths 1728 PELS / 215mm
        Max. recording length Unlimited
        Minimum scan line time = 0ms
        Extend field
        Error correction mode  Frame size = 256 octets

        Fax data  9600 bit/s

 TX :   PPS  11110100 00000000 00000000 11011110
        FCF2 = EOP
        Page Counter =  $00   Block Counter =  $00   Frame Counter =  $7B + 1

        Fax data  4800 bit/s

 TX :   PPS  11110100 00000000 00000000 01010000
        FCF2 = EOP
        Page Counter =  $00   Block Counter =  $00   Frame Counter =  $0A + 1
 TX :   DCN

 End of File
```

HANDSHAKE PRINTOUT

DCS – DIGITAL COMMAND SIGNAL

TSI – TRANSMIT STATION IDENTIFICATION
(OR TELE SATELLITE INTERNATIONAL)

PPS – PARTIAL PAGE SIGNAL

FCF2 – FACSIMILE CONTROL FIELD

EOP – END OF PAGE

DCN – DISCONNECT

822 0 16/06/00 17:21:46 4

16. JUN. 2000 15:50 PTAN AVOCATS ASS. +4122 3115972 Nº7673 P. 1/40

PONCET TURRETTINI AMAUDRUZ NEYROUD & ASSOCIES
AVOCATS AU BARREAU DE GENEVE
8 - 10, RUE DE HESSE
CASE POSTALE 5715 - CH - 1211 GENEVE 11
TEL : (+ 41 22) 319 11 11
FAX : (+ 41 22) 311 59 72

To : Dr. Nasser AL-RASHID

Fax : 00871 11 03 176

FROM : Mrs Dominique AMAUDRUZ

DATE : Geneva, June 16, 2000/sp

PAGES (including cover) : 40

The information contained in this fax message is intended only for the personal and confidential use of the recipient(s) named above. This message may be an attorney-client communication and as such is privileged and confidential. If the reader of this message is not the intended recipient or an agent responsible for delivering it to the intended recipient, you are hereby notified that you have received this document in error and that any review, dissemination, distribution, or copying of this message is strictly prohibited. If you have received this communication in error, please notify us immediately by telephone at the number (+ 4122) 319 11 11, and return the original message to us by mail. Thank you.

Following to your instructions, please find herewith copy of Mrs. Ayoub's book.

I am sending the book from page 200 to page 239.(last set).

Yours sincerely,

Dominique Amaudruz

Enc.

Die erwähnte Software ist frei erhältlich, Fragen zur Verwendung werden nicht gestellt und so kann sich jeder mit ein wenig Kleingeld sein eigenes Mini-Echelon einrichten. Nicht nur der Wirtschaftspionage stehen damit alle Türen offen, sondern auch der Erpressung, denn einige Faxe enthalten Informationen, die nach mehr Diskretion schreien.

Ganz gewiss nicht erpresst wird die Seemanns-Frau, die ihrem Partner etwas Gutes antun wolte und sich bar aller Hüllen auf einen Kopierapparat setzte. Das Ergebnis wanderte dann im „Fine-Mode“ über Inmarsat an den liebesdurstigen Mann auf hoher See.

17 Neues Leben für alte Analog-Receiver

So langsam hat das analoge Zeitalter in der Satelliten-Kommunikation sein Verfallsdatum erreicht. Einige analoge Einzeltäter gibt es noch, doch alle anderen sind auch digital vertreten. Und wer seinen alten analogen Receiver nicht als virtuelles Aquarium beim nächtlichen Fischsterben auf DUNA-TV missbrauchen will, der fragt sich, was tun mit dem guten Stück.

Auf jeden Fall zu schade, um ihn wegzuwerfen oder ihn bei der Altkleidersammlung für Tierra Abajo abzugeben.

Wenn nicht das, was dann?

Immerhin haben wir es mit einem L-Band Receiver zu tun und da gibt es im Direktempfang – also ohne Converter (LNC) – ein paar Nettigkeiten im Äther. Brav und harmlos sind die lizensierten Radioamateure im unteren Bereich mit ihrer Kommunikation vertreten.

Interessant dabei ist, dass diese Leute auch ihr eigenes TV machen. Das dient offiziell nur zu Versuchzwecken, kann aber manchmal unterhaltsamer sein, als mancher Staatsfunk. Das Ganze spielt sich im Bereich von 1.241 bis 1.257 MHz ab.

Zum Empfang ist eigentlich nur eine recht einfache Yagiantenne und eventuell ein entsprechender Verstärker nötig. So eine Antenne kann man selbst bauen. Die Bauanleitungen dazu gibt es in Radio-Amateurzeitschriften oder im Internet (http://www.ac6v.com).

Und wer beim Wort „bauen“ zusammenzuckt, dem bietet jeder Radio-Amateur-Laden die Antennen montagefertig. Und welcher Amateur in der eigenen Region mit ATV tätig ist, wird einem der Ladenbesitzer auch gleich verraten.

Eine ganz andere Art von TV bietet das S-Band an. Jeder kennt die kleinen Video-Sender im 2.4 GHz-Bereich. Die dienen eigentlich dazu, Video und Audio von einem Raum in den anderen zu übertragen.

Die Reichweiten sind gering, doch sind die Dinger ziemlich stark verbreitet. Das heißt im Radius von ca. 300m findet man immer wieder eine solche Anlage. Unter braven und normalen Bedingungen sieht man dann auf dem eigenen Monitor das Lieblingsprogramm eines Nachbarn.

Nun gibt es allerdings etwas eifersüchtige oder sonstig schräg veranlagte Ehemänner, die eine kleine Mini-Videokamera an den Sender anschliessen, um Bettgeflüster in Wort und Bild in einen anderen Raum zu übertragen. Entweder um Mama – wenn er auswärts ist – so mit einem Langzeitrekorder zu überwachen, oder aber seine eigenen Glanzleistungen der Nachwelt zu erhalten. Nicht ahnend allerdings, dass er dabei ein paar mehr Zuschauer haben kann, als ihm lieb ist.

An anderen Plätzen werden die Videosender als billige Videoüberwachung eingesetzt. Um diese Signale zu empfangen, müssen wir ein wenig mehr Aufwand treiben, denn unser alter Analog-Receiver läuft gerade mal bis 2.150 MHz und wir wollen den Bereich um 2.400 sehen.

Helfen kann uns da unser netter Sat-TV Händler, der uns auch das analoge Teil aufgeschwatzt hat. Garantiert hat der noch irgendwo einige sog. „Frequency-Extender" liegen und ist heilfroh, wenn ihm jemand eines dieser gar nicht so nutzlosen Dinger abnimmt.

Dieses schöne Zubehör wurde früher genutzt um ganz, ganz alte Receiver im ZF-Bereich aufzumotzen. Und zwar unten und nach oben hin. Für unsere Anlage brauchen wir den Extender für den oberen Bereich.

Bei der Antenne ist in erster Linie der Eigenbau gefragt, doch gibt es auch kleine und feine Log-Periodic-Antennen (z.B. von Koeditz-Nachrichtentechnik im deutschen Kassel).

Und wenn nun schon mal ein solcher Extender und auch eine Antenne existiert, sollten wir uns auch noch das Band um 2.200 MHz etwas genauer ansehen. Auch hier gibt es Video-Signale, doch diesmal kommen sie aus der Luft. Nein, nicht vom Satelliten, sondern von Überwachungs-Helikoptern der Polizei. Wer in einer Großstadt lebt, bekommt von denen echtes Reality-TV frei haus geliefert. Eine nachführbare Antenne macht die Sache noch runder.

Turbo-RX

Unsere Satelliten-Receiver haben nicht gerade den Ruf, mit guter Eingangsempfindlichkeit gesegnet zu sein. Besser gesagt, die Dinger sind taub. Der einfache und nicht gerade tollste Weg wäre der Einsatz eines Verstärkers.

Wer allerdings noch Geld übrig hat, oder sowieso schon über einen Communication Receiver wie den AR5000 von AOR verfügt, der kann diese Taubheit mit einem Bastelprojekt überlisten und wird sich am Ende fragen, ob er vielleicht doch auf den analogen DX-Empfang umsteigt.

Der AR5000 hat drei entscheidende Features, die uns das Empfangsleben leichter machen. Sein Frequenzbereich geht bis 2.600 MHz, er ist wesentlich eingangsempfindlicher als jeder Sat-Receiver und er hat einen 10.7 MHz-Ausgang. Und dieser Ausgang hat es uns angetan.

Wenn wir nun an die 10.7 MHz einen Mixer hängen, der von einem 1000 MHz-Oszillator gefüttert wird, so liegen am Mixer-Ausgang 1010.7 MHz an. Die werden dem ZF-Eingang unseres Sat-Receivers zugeführt. Wenn wir nun die ZF des analogen Receivers fest auf 1010.7 MHz einstellen, können wir mit dem vorgeschalteten AR5000 voll variabel sein. Ein kleiner Test an einem bekannt schwachen Sat-TV-Signal (z.B. im C-Band) wird für einige Überraschung sorgen.

Das ZF-Signal vom LNB wird in diesem Fall dem AR5000 zugeführt. Da dieser allerdings keine Versorgungsspannung liefern kann, muss dies über ein externes Netzteil geschehen.

Damit nun die Spannung nur zum LNB geht und nicht in den Antenneneingang, gibt es im Sat-Fachhandel eine kleine Box, die die Spannung vom Receiver-Eingang trennt, doch das Signal passieren lässt.

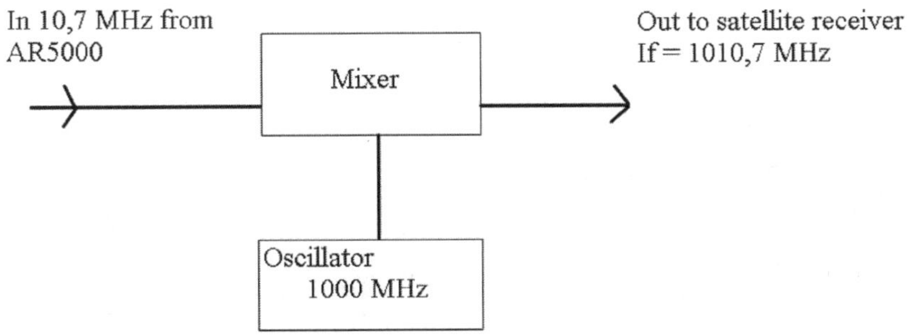

Der eingangempfindliche AR5000 wird nun Signale sichtbar machen, die vorher kaum zu bemerken waren. Auch können wir diese Schaltung beim Empfang von Video-Sendern, Amateur-TV und Polizei-Helikoptern und auch manchem Militât-Jet (mit eingespiegeltem Dash-Board in der Scheibe) einsetzen. Auch hier macht sich die verbesserte Eingangsempfindlichkeit sehr deutlich bemerkbar.

Sollte unser analoger Receiver direkt an einer Yagi- oder Log Periodic betrieben werden, muss unbedingt die LNB-Versorgungsspannung unterbrochen werden. Dies geschieht in der Regel über ein Menü und bei älteren Geräten muss die Stromzufuhr im Gerät unterbrochen werden.

Eine C-Bandschaltung am Receiver ist vorteilhaft, da wir hier nach je Abstrahlung negativ oder positiv empfangen können.

So ganz wertlos sind sie doch nicht, unsere alten Analog-Receiver. Der Verfasser ist mit der Kombination AOR/Sat-Receiver klammheimlich zum analogen C-Band DX zurückgekehrt. Und das ohne Reue.

18 Versteckte Satelliten-Empfangsanlagen

Es war eiegntlich ein recht langweiliger Herbst. AFN-Radio hatte seinen analogen Dienst via Inmarsat AOR eingestellt und mit meiner Story über die Störung des Farsi-Programms NITV auf HOTBIRD kam ich auch nicht recht weiter. Zwar ist mir die störende Bodenstation inzwischen bekannt, da der Telefonverkehr innerhalb des Störerlandes immer noch brav in FDM über Intelsat stattfindet. FleetSatcom gibt auch nicht mehr allzuviel her. Die Piraterie nimmt zu und offensichtlich tummeln sich da inzwischen auch irgendwelche kolumbianische Untergrundgruppen. Immerhin wurde man nach der TELE-satellite-Exklusiv-Story im US-Kongress wach. Senator Kerrey sah das leibhaftige Böse und wollte den Amateuren am liebsten das ganze Hobby verbieten. Dabei übersieht er allerdings, dass die US-Militärs Milliarden Dollars ausgeben, um die Systeme sicher zu machen und wenn es dann einigen Amateuren gelingt, mit einem Aufwand von ca. 200 US-Dollar die Militär-Satelliten als kostenloses Telefon zu nutzen, würde man eher ein verschämtes Schweigen erwarten.

Positives tut sich in Europa. TELE-satellite berichtete vor Jahren als erste Fachzeitschrift in Europa über das US-Abhör- und Mitlese-Projekt ECHELON. Gegen diese Praktiken wehrt sich nun endlich die Europäische Gemeinschaft und der Autor des TELE-satellite-Artikels wurde zu einem Hearing ins Europa-Parlament für Ende Januar geladen.

Und da nun sonst gar nichts anlag, wurden endlich mal die E-Mails abgearbeitet. Und dabei fiel auf, wieviele Menschen zwangsweise vom Satelliten-Empfang ausgeschlossen werden und so soll dieser Bericht vielleicht eine kleine Hilfe für die Betroffenen sein.

Das Problem ist so alt wie der Satellitenempfang. Der Besitzer eines Hauses verbietet seinen Mietern die Installation einer Empfangsantenne oder die Mehrheit der Miteigentümer eines Wohnkomplexes einigt sich, Antennen nicht zuzulassen.

Teilweise sind solche Entscheidungen begreiflich, da die Unzahl von schlampig montierten Spiegeln an der Außenwand eines Mietshauses nicht gerade dazu beitragen, einen Schönheitswettbewerb gewinnen zu können.

Dagegen geradezu unverständlich ist das Empfangsverbot von Satelliten-Programmen in einigen Ländern. Unter dem Mäntelchen der „Fürsorge für den Bürger“ versteckt sich hier die Angst von nicht ganz frei gewählten Regierungen vor der Mündigkeit ihrer Untertanen. Noch rigoroser sind die

Verbote in einigen Ländern, die von religiösen Fanatikern „geführt" werden.

Gerade ein Verbot erhöht den Reiz und so sind dem Erfindungsreichtum keine Grenzen gesetzt, um eine geheime Empfangsanlage zu errichten.

Einige dieser Lösungen, ein Empfangsverbot zu umgehen, hat sich das Dr.Dish-Team genauer angesehen, getestet und zusätzlich eigene Ideen eingebracht.

Die Innen-Elektronik

Das Problem, Empfangsgeräte zu verstecken ergibt sich eigentlich nur in totalitären Staaten, in denen die Schnüffelorgane auch nicht davor zurückschrecken, in die Privatsphäre der Bürger einzudringen. Ein Satelliten-Receiver ist in der Regel als solcher deutlich erkennbar, doch gibt es einige praktische Lösungen, die alle in der Redaktion getestet wurden.

PC-Karte

Wahrscheinlich die einfachste Lösung, jedoch den staatlichen Aufpassern nicht ganz unbekannt. Zahlreiche Hersteller bieten PC-Karten für den digitalen Empfang an.

Besonders zuverlässig und leicht zu installieren ist die SkyMedia 200/300 von TELEMANN. Da sie auch als Anbindung an das Internet via Satellit dient, kann sie leicht als Internet-Modem durch den Zoll gebracht werden.

Receiver im TV-Gerät oder im Radio

Etwas technisches Verständnis gehört schon dazu einen Sat-Receiver in ein TV-Gerät zu integrieren. Diese Lösung wird zwar komplett von einigen Herstellern angeboten, doch sind so ausgestattete Geräte in Ländern mit Restriktionen nicht erhältlich.

Die einfachste technische Lösung – und ohne große Vorkenntnisse – wäre, einen kleineren Sat-Receiver komplett in das vorhandene Fernsehgerät (an einer freien Seitenwand) einzubauen. Geeignet ist hier der PRAXIS PokketSat 9500. Er ist extrem klein, verarbeitet 3000 TV- und 2000 Radioprogramme und kann auch einen Servo-Polarizer ansteuern (C-Band oder gemischter Betrieb mit Corotor). Einzige Lötarbeit: der Empfangssensor für die Fernbedienung muss ausgelötet werden und in einem kleinem Loch an der Vorderfront des TV-Gerät installiert werden.

Weit verbreitet ist der Einbau einer kompletten Sat-Receiver-Platine in einen sogenannten Welt-Radio-Empfänger. Diese billigen Geräte empfangen mehr schlecht als recht die Kurzwelle und verschiedene VHF- und UHF-Bereiche. Um die Minderwertigkeit etwas zu kaschieren, wird die Billigelektronik in grosse imposante Gehäuse untergebracht. Platz genug, um auch noch einen Sat-Receiver einzubauen.

Hier bietet sich besonders wegen seines Preis-/Leistungsverhältnis die Platine des LORENZEN D15 an. Die Umbauarbeiten werden in einigen Problem-Ländern unter dem Ladentisch von Händlern angeboten.

Digi-TV in der Videocassette

Der bereits beschriebene PRAXIS-Receiver passt genau in die Hülle einer Videocassette. Da der Receiver ein externes Netzteil hat, hält sich die Wärmeentwicklung in Grenzen.

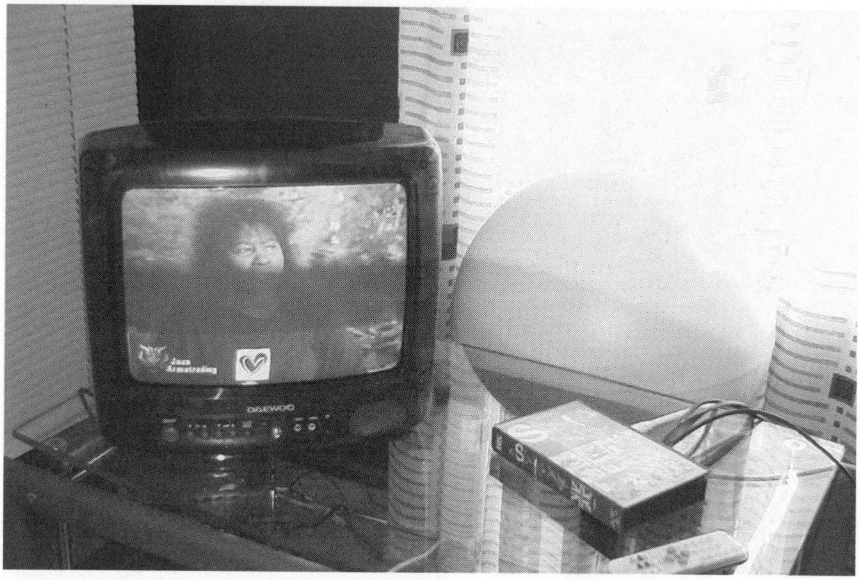

Ein unscheinbares Loch an der vorderen Schmalseite der Hülle korrespondiert mit der Lage des Sensors für die Fernbedienung.

Einmal zwischen allen anderen Videocassetten eingereiht, fällt dieser versteckte Sat-Receiver garantiert nicht auf.

Die Kabel zum Netzteil, TV und zum ZF-Eingang werden elegant auf der Rückseite der Cassettenreihe versteckt. Dies wäre die einfachste und eine leicht nachvollziehbare Methode.

Die Ausseneinheit

Hier wird es problematischer, denn ein Sat-Spiegel ist in der Regel weithin sichtbar.

Selbst im Hinterhof aufgestellt, wird er irgendwann entdeckt. Natürlich kann man eine solche Antenne unter einem Cover verstecken. Amerikanische Anbieter liefern einen passenden, signaldurchlässigen und etwas kitschigen Kunststoff-"Felsen", unter dem sich dann der Spiegel verbirgt. In den meisten Fällen passt aber der Felsen nicht zur Umgebung und erweckt die Neugierde der beamteten Schnüffler oder der freundlichen Nachbarn.

Auf der Suche nach einer diskreten Ku-Band-Lösung blieben nach längeren Tests zwei Antennen übrig: ATTISAT FL 500 und die DIGIGLOBE-Antenne.

Ausgehend davon, dass ein Spiegel nicht zu groß sein darf, mussten wir Abstriche beim Minimum EIRP machen und einen Mindestwert von 49 dBW zugrunde legen. Dieser Wert wird in den Kernausleuchtzonen von den folgenden Satelliten erreicht oder überschritten:

ASTRA, AGILA, AMOS, ANIK, APSTAR, ARABSAT 3A, BSAT, DBS, EUTELSAT HOTBIRD und W1/2/3/4/2F1/2F3/2F4, GALAXY II, HISPASAT, INTELSAT 802, KOREASAT. NAHUEL 1A, MEASAT, NILESAT, NIMIQ, NSS-K, OPTUS B1/3, PALAPA C1/2, SIRIUS 1/2/3, SUPERBIRD, TELECOM, THAICOM, THOR und TURKSAT.

ATTISAT FL-500

Diese Flat-Antenne ist vor allen Dingen zur Integrierung in Schrägdacher geeignet. Und damit man den Spiegel nicht sieht, bietet der Hersteller einen wohl einmaligen Service an. Gegen geringe Extrakosten kann der Käufer ein Foto seiner Dachbedeckung einsenden und ATTISAT beschichtet die Antenne mit einer entsprechenden Foto-Folie.

Die Dachpfannen erscheinen nun auch auf der Antenenoberfläche und wenn die Schräglage einigermaßen zur geforderten Elevation passt und der Azimuth auch noch halbwegs stimmt, ist von der Antenne nichts mehr zu sehen.

DIGIGLOBE

Rein äußerlich ist diese Antenne eine normale Gartenlampe, in der auch tatsächliche eine Sparlampe funktioniert. Niemand wird im Innenleben noch einen äußerst leistungsfähigen 40cm-Cassegrain-Spiegel vermuten. Diese Konstruktion kann unauffällig im Garten oder auf dem Balkon stehen.

Einer unglücklichen Gemeinde konnte bisher noch nicht geholfen werden: den Bewohnern eines Appartment-Komplexes. Und dann vielleicht auch noch ohne Balkon. Zum Glück gibt es aber immer wieder ein Südfenster.

Im Test wurde die DIGIGLOBE-Antenne hinter einer Doppelverglasung im Wohnzimmer installiert. Die neutrale Form und Farbgebung ließ sie zwischen Schreibtisch und Fenster nicht sonderlich auffallen. Zumal sie noch ein angenehm warmes Licht abstrahlte. Verschiedene Satelliten mit einem EIRP von 49 bis 54 dBW wurden nun angefahren. Im digitalen Bereich gab es keine Aussetzer. Der C/N-Wert lag immer über dem erforderlichen Minimum von 6 dB. Um das Maß voll zu machen, wurde der Vorhang vor der Antenne zugezogen: keine Beeinträchtigung im Empfang! Auch bei der Platzierung des Spiegels hinter dem Wulst einer aufgezogenen Gardine kam es zu keinen Aussetzern.

Allerdings muss man darauf hinweisen, dass der Empfang hinter beschichtetem Glas (Sonnenschutz) unmöglich ist.

Leider konnte der Autor für den C-Band Empfang keine vertretbaren Lösungen finden, doch wie üblich bei den Lesern dieser Serie wird es einige interessante Vorschläge von deren Seite geben.

19 Mr. President, Piraten und Salsa

Die alte Monitorstation war bereits abgebrochen und am späten Abend war sie am neuen Standort noch nicht wieder aufgebaut. Das bedeutete Krise. Und was macht man in einem solchen weltbewegenden Fall? Man hält eine Krisensitzung ab. Und da man alleine ist, am besten mit sich selbst. Das einstimmige Ergebnis dieser recht einseitigen Verhandlung: noch in der selben Nacht wuchsen die Antennen für das S-, L- und P-Band auf der Terrasse in den Nachthimmel. Gegen Mitternacht wurde ausgerichtet. Auf Inmarsat gibt es zwar AFRTS nicht mehr als Dauersignalquelle, doch dafür einige Data-Kanäle im Airband dieses Satelliten. Im Bereich der militärischen UFO/LEASAT/Fleetsatcom-Vögel gibts gar kein Problem bei der maximalen Ausrichtung der Antenne, da die Signale vieler Radiostationen per Versehen auf diesen ach so sicheren Satelliten abladen.

Am Morgen nach dieser für den Autor völlig ungewohneten körperlichen Anstrengung musste das Wunderwerk irgendwie Anerkennung durch Dritte finden. Wie immer musste dafür die Redaktionsassistentin Fräulein Malac herhalten. Allein schon um des lieben Friedens willen und gegen eine Einladung zum Italiener um die Ecke lobte sie die Arbeit gebührend, sah allerdings nicht ganz den Sinn und Zweck der ganzen Sache ein. Erst recht konnte sie nicht verstehen, warum so eine Menge Leser eine weitere Story zu diesem militärischen Sat-System einforderten. Dass die für sie nervtötenden Data-Geräusche für den Autor reine Musik sein sollten, da die HOKA 30-Prof-Software zumindest einen kleinen Teil dekodieren konnte, ließ sie am Verstand ihres inzwischen beleidigten Kollegen zweifeln. Der Italiener wurde gestrichen und sie musste mit der bayerischen Spezialität Kaiserschmarrn vorlieb nehmen. Strafe muss sein.

Die folgende Geschichte sollte gar nicht erscheinen, denn ein paar Tage vor Redaktionsschluss traf ein kleiner Handscanner mit AM/FM-TV von der Firma Haro-electronics aus dem deutschen Bubesheim ein. Da der Frequenzbereich für TV gleich bis 2.450 MHz läuft, lässt sich mit ihm auch

Sat-TV in all seinen Erscheinungsformen realisieren. Erste schnelle Versuche, die Videokameras der Polizei-Helikopter und Videolinks im S-Band zu empfangen, wurden schon im Anfang vom Verleger des Autors unterbunden. Er pochte auf seine Story. Jetzt und gleich. So müssen wir uns die Tests mit dem ICOM R3 für später aufheben.

UFO

Nein, der Autor hat nicht das Lager gewechselt. In diesem Fall geht es nun wirklich nicht um „unidentified flying objects", sondern um deutlich identifizierbare Objekte. UFO steht nämlich für „Ultra High Frequency Follow-On" und das ist der Ersatz für die älteren Militärsatelliten der USA: LEASAT und FLTSAT. Die Satelliten arbeiten im Frequenzbereich 248 bis 270 MHz im Downlink. Der überwiegende Teil der Uplinkfrequenzen be-

finden sich zwischen 295 und 311 MHz, doch gibt es auch noch andere Kombinationen mit niedriger Downlink- und höherer Uplinkfrequenz.

Nach der ersten Story vor ein paar Jahren zu der Durchlässigkeit der FleetSatcom-Satelliten, gab‘s vom DoD (US-Verteidigungs-Ministerium) erst einmal ein Dementi. Was nicht sein darf, kann nicht sein. Dass aber die Satelliten schon damals durch Piraten genutzt wurden, konnte auch dem DoD nicht verborgen bleiben. Also verwies man schnell auf die wesentlich sichereren Nachfolge-Satelliten UFO. Und die gibt es nun schon für eine ganze Weile und wir wollten sehen, ob sie denn sicherer sind.

Geht es um den reinen Empfang, sind die Kosten für Antennen und Receiver niedrig und auch das technische Wissen wird nicht strapaziert. Es reicht

eine einfache Yagiantenne für den Frequenz-Bereich. Noch besser, da drehbar universell einsetzbar, ist die billige Log-Periodische Antenne TLP 3516D. Diese in Slovenien gefertigte TV-Antenne hat eine Verstärkung im UHF-Berech von ca. 8dB. Eigentlich eine Todsünde, doch um das Signal noch ein wenig aufzupusten reicht ein gefürchteter Breitbandverstärker. Als Empfänger machts ein billiger Radio-Scanner, solange er im genannten Frequenzbereich FM-N empfangen kann. Nun macht man sich eigentlich nur auf die Suche nach dem passenden Satelliten. In Europa wären es die Positionen 15.8° West und 22° West. Als Referenzfrequenz eignet sich hervorragend ein Störenfried auf dem Satelliten: Radio Buenaventura auf 269.74 MHz via 15° West.

Air Force 1 und 2

Die Maschinen des US-Präsidenten und seines Vize haben die Bezeichnung AF-1 und AF-2 (Boeing 747). Für kürzere Trips gibts dann noch einige Gulfstream C-20. Zumindest der ehemalige Präsident Clinton nutzte die Maschinen häufig. Ob nun Bush auch soviel unterwegs ist, muss sich noch zeigen. Er war zwar schon einmal in Kanada, doch halten sich seine geografischen Kenntisse in engen Grenzen. Entschuldbar, denn in Zeiten als Governeur war er mit der Bestätigung von Hinrichtungsbefehlen voll ausgelastet und nun als Präsident der USA muss er sein Land von abtreibungswilligen Frauen säubern. Falls er doch mal fliegen sollte, kann er zumindest

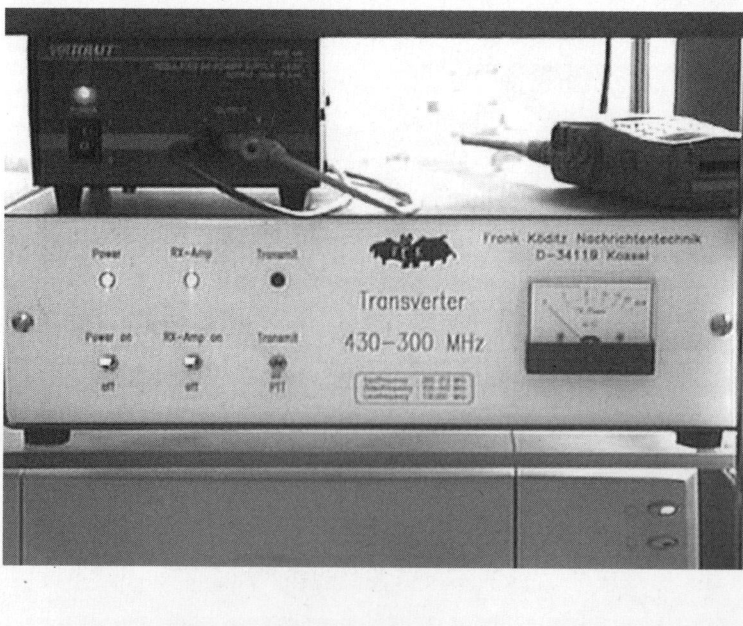

nach dem Weg fragen, denn neben anderen Kommunikationswegen haben die Maschinen auch einen Zugang zu den UHF-Satelliten. Allerdings sind die Zeiten vorbei, in denen man so einfach mal hineinhören konnte, wie bei einem Gespäch zwischen Bush sen. und Senator Byrd im August 1990.

Heute werden die Telefonate zwischen den beiden Boeings mit den Kennzeichen 28000 und 29000und dem Weißen Haus über ein sicheres digitales System (16kbs MSK CVSD) abgewickelt. Und die ganze Sache wird dann auch noch einmal Vinson KY-58 kodiert. Die Signale laufen über die UHF-Satelliten (z.B auf 262.300 MHz über einen 500 kHz-Transponder) und gehen dann zur oder von der Bodenstation „Cactus" in Camp David. Von hier aus gibt es eine Landverbindung direkt zum Switchbord (Codename: Royal Crown) im Weißen Haus. Andere „top-secret"-Kommunikation läuft über einen Datenstrom mit 19.2 kbs in QPSK.

Die Piraten

Und was ein Präsident der USA kann, das können Piraten schon lange: kostenlos telefonieren. Nehmen wir als Beispiel den UFO auf 15° West. Sein Footprint deckt ganz Europa, einen kleinen Teil von Asien, den Mittleren Osten, ganz Afrika, Südamerika und die östliche Hälfte der USA ab. Da unterhandeln Russen mit Hilfe alter – wahrscheinlich geklauter – Militärgeräte auf 306.25 MHz (FM) die Abnahme und Preise von genauso geklauten hochwertigen Gütern. Nicht wissend, dass sie dabei prompt auf dem US-Militärsatelliten landen und über die Uplink-Frequenz 265.25 MHz auf einem Drittel des Globus zu hören sind.

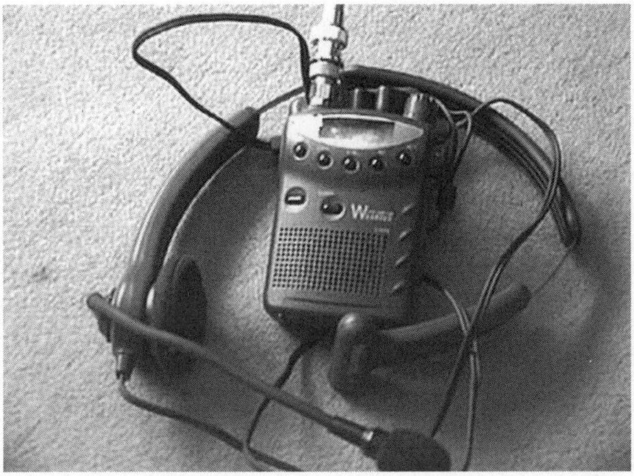

Gut, sie wissen nicht, was sie tun. Besser wissen es einige – und es werden immer mehr – technisch begabte Piraten, die das Sytem als High-Tech CB nutzen. Im Norden Brasiliens hat man einen UFO-Satelliten nahezu über dem Kopf und so funktioniert die ganze Sache mit Dachantennen auf dem Auto. Da spricht man schon mal mit der lieben Verwandtschaft in Italien für ein paar Stunden. Schließlich ist der Ur-Opa im Jahre 1897 nach Brasilien ausgewandert. Da auch das Space-Shuttle hier schon mal zu hören ist, versuchen einige Unentwegte, entsprechende Kontakte aufzunehmen. In Europa geht man etwas vorsichtiger mit den UFO-Satelliten um. Wenn das Militär einen Transponder nutzen möchte, gehen die nicht so ganz Legalen freundlich ein wenig auf die Seite; sprich 10 KHz höher.

Der Aufwand bei den Selbstbauanlagen ist nicht allzu groß. Ein modfizierter 2-Meter Amateursender tut´s, liefert aber einen Christbaum von Harmonischen ab. Andere nehmen ein 70cm-Amateur Handy mit vielleicht 0.5 Watt Ausgangsleistung. Die geht dann in einen Transverter, der das Signal zum Beispiel auf 294.125 MHz runterbringt und die Ausgangsleistung auf 25 Watt erhöht.

6 Watt reichen bei einigermaßen guter Antenne aus und schon ist unser Freund auf 260.525 MHz vom Ural über Kapstadt und Buenos Aires bis nach New York hörbar und kann nun mit Freunden telefonieren, politische Reden halten, den Militärs das Leben schwer machen und im Krisenfall auch schon mal die Kommunikation auf der einen oder anderen Frequenz empfindlich stören.

Der technisch Versierte nutzt die UHF-Satelliten hin und wieder für Slow Scan TV. Diese Mode wird bei den lizensierten Radioamateuren angewandt und erlaubt die Bildübertragung mit schmaler Bandbreite. Da geht dann „Penthouse“ Seite für Seite als SSTV von Paraguay nach Saudi-Arabien, wo die schönen Bilder gedruckt und gebunden ein Opfer der Zensur sein würden.

Salsa

Musik senden die Piraten nicht, denn da gibt es eine verdammt gute halb-legale Konkurrenz aus der Karibik und aus Südamerika. Schon vor einigen Jahren berichtete der Autor über Radio Super de Bogotá und Blue Danube in Salzburg. Beide Sender waren über einen 25 kHz-Transponder leicht angekratzt zu hören.

Diese Sendemasten standen zumeist an feuchten Hängen und die dritte Harmonische des originalen UKW-Signals (z.B 106.00 MHz) kam dann mit der Uplinkfrequenz des FleetSatcom überein und schon war der Sender fast weltweit zu hören. Die Qualität war nicht besonders gut, da das breite UKW-Signal sich durch ein 25 kHz Filter quetschen musste.

Viel schöner und teilweise rauschfrei sind dagegen Sender zu empfangen, die eigentlich auf Mittelwelle oder Kurzwelle senden. Das Signal vom Studio zum Sender wird allerdings über eine UHF-Linkverbindung transportiert. Und die landet schon mal nicht nur beim Sender, sondern auch auf den UFO-Satelliten. Gerade die Südamerikaner nutzen hier gerne Link-Frequenzen rund um 300 MHz. Das wiederum entspricht dann den Uplink-Frequenzen der Satelliten. Ein Paradebeispiel ist der inzwischen in Europa be-

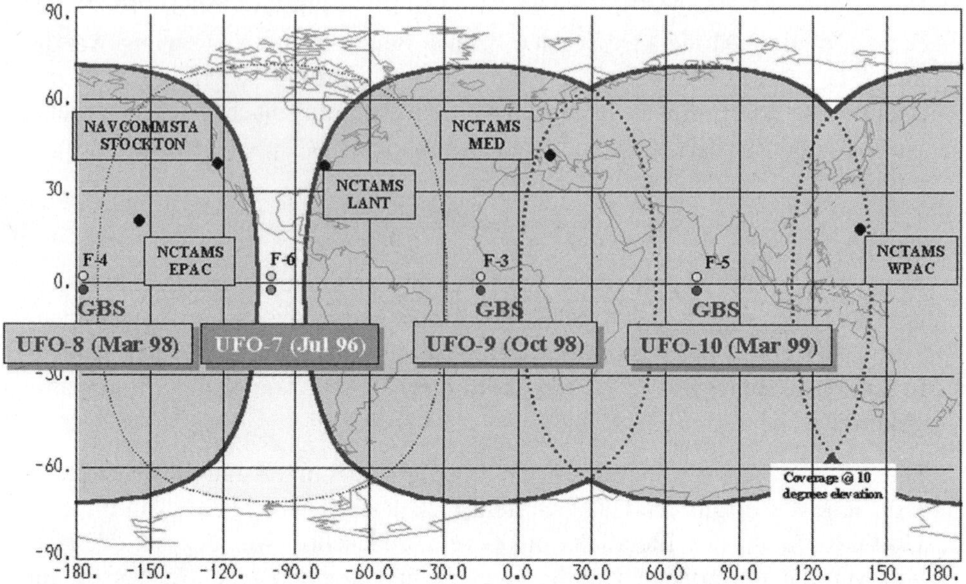

liebte Lokalsender Radio Buenaventura aus Buenaventura in Kolumbien. 24 Stunden am Tage kann er ohne großen technischen Aufwand auf 269.740 MHz in guter Qualität gehört werden. Weitere Kandidaten sind Radio Medellin, Yarumal und Radio Reloj.

Das US-Militärsatellitensystem ist – selbst bei den neuen Typen – ausgesprochen demokratisch. Es wurde vom Steuerzahler bezahlt und wird auch von ihm teilweise genutzt.

Die Satelliten waren vor drei Jahren löchrig wie ein Schweizer Käse und sind es auch noch heute. Wenn wir die Steigerungsrate der illegalen und versehentlichen Nutzung aus den vergangenen Jahren hochrechnen, werden in vier Jahren die US-Militärs auf ihren eigenen Satelliten nur noch geduldete Gäste sein.

20 Pocket-Echelon

In den abgelaufenen Monaten war zumindest in Europa das Abhörsystem ECHELON (UKUSA) des US-Geheimdienstes und dessen Verwandtschaft in Großbritannien wieder in aller Munde. Das Europäische Parlament beschäftigte sich in einem Hearing mit den elektronischen Schnüfflern. ECHELON für die militärische Spionage war für die USA langweilig geworden, denn Jane´s Handbücher und Jane´s Defence Weekly liefern für weniger Geld eh alle relevanten Daten. Viel interessanter und lukrativer ist die Wirtschaftsspionage. Und da das ECHELON-System gezielt fleißig E-Mail, Telefonate, Faxe und andere Datendienste weltweit auswerten kann, wundert es kaum noch jemanden, wenn europäische Innovationen im Planungs- und Teststadium plötzlich in den USA von dortigen Unternehmungen zum Patent angemeldet werden. Dass das den Europäern nun gar nicht gefällt, ist verständlich. Der Autor wurde als „Experte" zum Hearing der EU nach Brüssel eingeladen. Schließlich griffen vor einigen Jahren TELE-satellit – als erste europäische Fachzeitschrift – und der Spartensender Dr.Dish@TV das Thema ECHELON auf. Leider stand dem Termin in Brüssel der Redaktionsschluss im Wege und natürlich ein unbeugsamer Verleger: „...erst die Arbeit und dann das EU-Palaver".

Fräulein Malac – die Redaktions-Assistentin – unterstützte die Verlegerforderung (wahrscheinlich wird sie dafür bezahlt). Der Autor solle doch erst einmal die zahlreiche Leserpost beantworten, um dann einen Berg von Post auf den eh schon überfüllten Schreibtisch zu werfen. Na ja, ganz Unrecht hatten die nicht und interessant genug ist die Leserpost allemal. Erstaunlich, wieviele Leser sich eine Art Mini-Echelon bauen möchten. Und das – wenns geht – natürlich zum Minimal-Preis. Manche wollen auch mehr ausgeben. So fragte das Militär eines afrikanischen Staates nach tatkräftiger Unterstützung bei der Entwicklung eines recht seltsamen „Kommunikations-Systems". Ein anderer Leser – der mit „A Friend" unterzeichnetete, möchte den Autor an einem neutralen Ort treffen, um sich eines fürchterlichen Geheimnisses zu entledigen. Nein, E-Mail ist zu gefährlich, Telefon erst recht und Fax gleich gar nicht. Da muss „A Friend" nun weiter mit seinem Geheimnis leben.

IC-R3

Bei soviel Nachfrage nach einem erschwinglichen privaten ECHELON, musste was getan werden. Und siehe da, in einem Duty-Free Shop entdeckte der Autor das winzige IC-R3 des Hersteller ICOM. Viel Zeit blieb nicht zwischen zwei Flügen, doch immerhin war klar, dass der Empfangsbereich zwischen 0.495 und 2450.095 MHz liegt und das in AM/FM-TV, AM, FM und WFM war genau das Richtige. Die Empfangsanlage ist nun mal der größte Kostenfaktur. Bei Dekodern und entsprechender Software reicht die eigene Bastelkunst und das Internet. Wie üblich war der Duty-Free-Shop viel zu teuer. Über Nacht geholfen hat dann die Firma HARO-Electronics

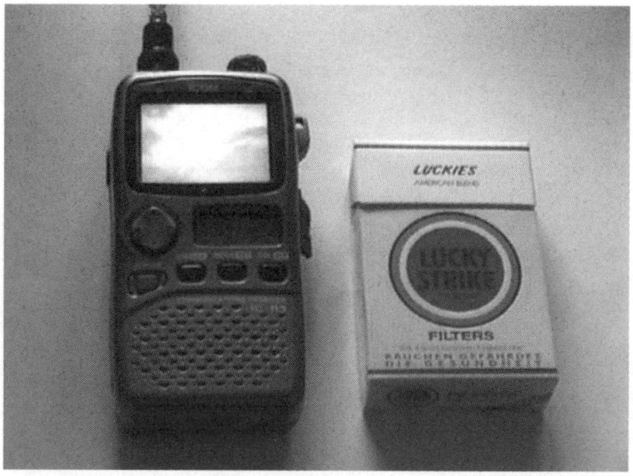

aus dem deutschen Bubesheim. Mit ca. 700 Euro war dieser Anbieter der billigste und mit dem 24 Stunden-Lieferserviec der schnellste.

Es ist schon erstaunlich, wieviel Elektronik man in die Ausmaße 61x120x33 mm hineinpacken kann. Immerhin dient das LCD-Display nicht nur der Anzeige der Parameter, sondern gleichzeitig als hochauflösender Farbmonitor für den TV-Empfang. Bei diesem Zwerg muss man zwangsläufig ohne numerische Tasten auskommen und so geschieht die Frequenzwahl innerhalb eines Bandes über einen Drehknopf. Der Rest wird über nur 6 Multifunktionsstasten getan. Unterhalb des Bildschirms gibt es es ein kleines Display für die Parameter. Wichtig, wenn das On-Screen-Display am Hauptbildschirm aus Energiesparkosten abgeschaltet ist, oder aber das Gerät in TV-Mode läuft. Zwei Dinge sind wichtig, will man so einen kleinen Empfänger als Breitband-Überwachungsgerät täglich nutzen: ein Video/Ausgang zu einem normalen Monitor und ein Standard-Anschluss für eine Außenantenne. Beides hat der IC-R3. Die mitgelieferte Stabantenne sitzt auf einem normalen BNC-Anschluss und AV wird einer 3.5mm-Buchse entnommen.

Empfangspraxis

Bei so einem Frequenzspektrum kommen einem allerhand Ideen. Wie mag sich der Receiver im Bereich der militärischen FleetSatcoms und UHF-Satelliten verhalten? Kommt die AFC mit dem Doppler-Effekt der Wettersatelliten mit? Wie sieht es mit Sat-TV und INMARSAT aus? Und was kann er im geheimnisvollen S-Band?

Die Arbeit nahm einige Wochen in Anspruch. Schließlich sollten die Grenzen dieses Winzlings ausgetestet werden.

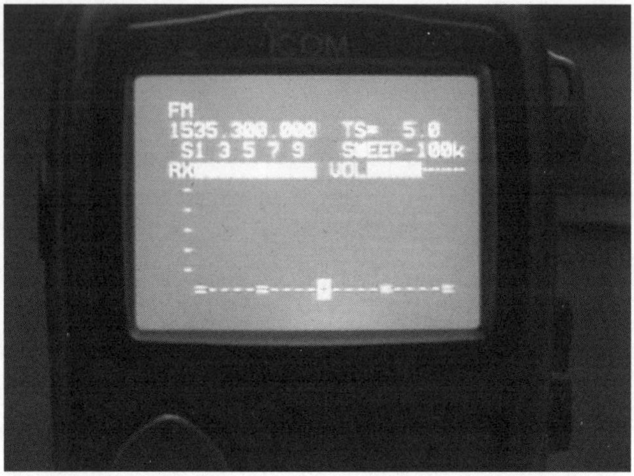

FleetSatcom/UHF

Diese im 200 bis 300 MHz arbeitenden Satelliten des US-Militärs sind seit längerer Zeit einfaches Opfer vieler Sat-DXer, aber mehr und mehr auch die billige Kommunikations-Platform weltweiter Piraten. Zudem transportieren sie auch noch ungewollt die Feed-Signale vieler FM-Radiostationen aus Südamerika und Fern-Ost. Ein erster Empfangsversuch an der hauseigenen Antenne mit selektiven Vorverstärker auf 269.740 MHz brachte klar und deutlich Radio Buenaventura aus dem gleichnamigen Ort in Kolumbien ins Haus. Die recht guten Eigenschaften bei der Eingangsempfindlichkeit (0.25 µV/12 dB SINAD) machten den Vorverstärker überflüssig. Allerdings lässt das flache 12 kHz-Filter Rauschanteile durch, doch kann man damit leben. Bei der miltärischen Kommunikation wäre ein 6 kHz-Filter hilfreich. Dasselbe gilt beim Empfang von illegalen Nutzern. Die Abstimmschritte sind da mit 5 kHz etwas zu groß und auch das Filter etwas zu breit. Aber auch hier gilt: letztendlich ist alles verständlich und High-FI wurde nicht erwartet.

Wetter-Satelliten

Der IC-R3 hat zwar einen LCD-Bildschirm, jedoch einen Dekoder für die Auswertung von Wettersatelliten-Signalen hat er natürlich nicht. So dient er hier als reiner Empfänger und das für den externen Dekoder nötige Audio-Signal wird entweder dem A/V-Ausgang (Line-Signal) oder dem Lautsprecher/Kophörer-Anschluss entnommen. Erstaunlich waren die Ergebnisse. Hier spielte das flache 12 kHz-Filter brav mit. Normalerweise wird eine

Bandbreite von ca. 40 kHz benötigt. Ein Problem ist allerdings die Kompensierung des Doppler-Effekts. Durch die schnelle Bewegung des Satelliten gibt es Frequenzverschiebungen. Das heißt, nur wenn er direkt über uns ist, stimmt die angegebene Frequenz. Eine kräftige Automatic Frequency Control (AFC) sorgt beim guten WX-Receiver für eine Verfolgung des Signals. Beim IC-R3 muss dies manuell getan werden und da sind die großen Abstimmmschritte von 5 kHz etwas störend. Vielleicht bekommt man nicht alle Fotos eines Überfluges von NOAA oder METEOR, doch eines gelingt immer. Hier gilt dann: für denjenigen, der mal hineinriechen möchte, ist es ausreichend.

INMARSAT A

Immer noch im analogen Betrieb sind die INMARSAT-A-Vögel, die Spielwiese für Amateure, Journalisten und, wie dem Autor berichtet wurde, auch für Wirtschaftsspione. Nirgendwo wird so unvorsichtig kommuniziert. Politiker geben aus weiter Ferne Interna von sich, die sie lieber für sich behalten sollten. Wirtschaftliche Strategie-Absprachen werden gemacht und der Journalist ist im Katastrophenfall immer gut unterrichtet, da viele Hilfsorganisationen auf INMARSAT A zurückgreifen. Und wenn die politische Krise nur groß genug ist und die normale Telekomunikation am Boden liegt, dann greift auch so manche Botschaft auf das alte und bewährte A-Terminal zurück. Dass hier – oder über FleetSatcom – das Space-Shuttle direkt senden soll ist falsch. Pre-Launch Aktivitäten hört man allerdings auf beiden System. Irgend jemand hat da aus Unverstand falsch abgeschrieben.

Bei ersten Tests im Bereich 1525 bis 1550 MHz zeigte sich die Stärke des kleinen Receivers. Hier tut er wirklich seinen Dienst hervorragend. In Abstimmschritten von 25 kHz war jede Kommunikation einwandfrei zu empfangen. Auch ein 25 dB-Antennenverstärker brachten den IC-R3 nicht aus der Ruhe. Selbst einige Fax-Berichte konnten mitgeschrieben werden. Allerdings: um eine gute Antenne für INMARSAT kommt man nicht herum.

Sat-TV

Nachdem zwischen AM- und FM TV geschaltet werden kann, muss natürlich ein solcher Receiver auf seine TV-Sat-Tauglichkeit getestet werden. Leider kommt da gleich die erste Einschränkung. Bei FM-TV läuft der Frequenzbereich von 900 bis 1300 MHz und von 2250 bis 2450.95 MHz und auf Audio muss man leider auch verzichten, da der Offest nur bis +/- 6.3 MHz läuft. Somit ist nur die ZF von 920 bis 1300 MHz wirklich nutzbar. Dabei bietet sich der IC-R3 förmlich als eingangsempfindlicher analoger Sat-DX-Receiver an. Dem Hersteller ist diese Einschränkung inzwischen bewußt und es steht zu hoffen, dass die Software nochmals überarbeitet wird. Und wenn nicht, dann ist da immer noch eine recht aktive IC-R3 User-Group im Internet. Es wäre das erste Mal, dass unter denen nicht ein Software-Spezialist aktiv wird.

Nette Beigaben

Wer nun den S-Band Videolink seines Nachbarn sich ansehen möchte, oder unbedingt die Video-Übertragungen des lokalen Polizei-Helikopters – ebenfalls im S-Band – beobachten muss, dem sei der IC-R3 empfohlen. Le-

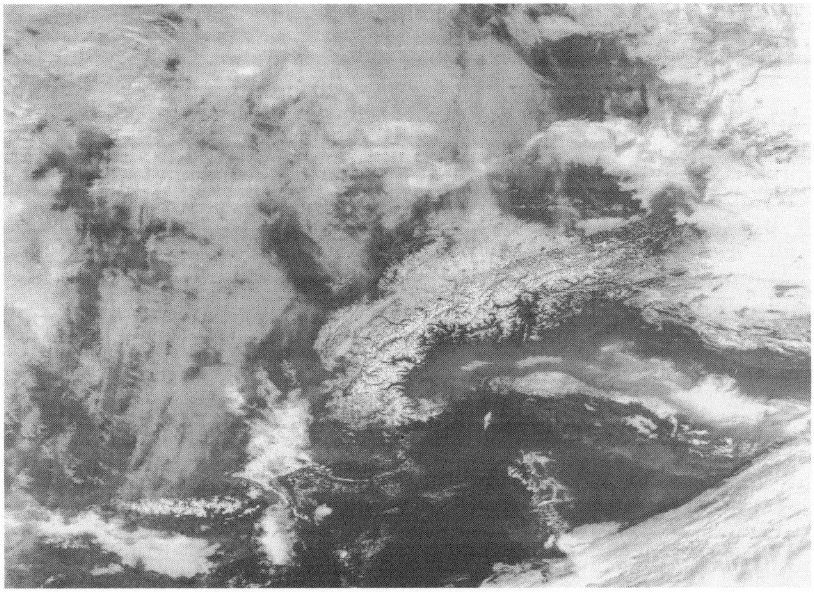

ser, die in Küstennähe leben, werden im Bereich um 2.3 GHz mit Glück und einer Air-Base in der Nähe gute Cockpit-Videos von militärischen Jets in Testflügen über dem Meer (aus Sicherheitsgründen) empfangen können. Nicht versgessen werden sollen die Satelliten der lizensierten Radioamateure (OSCAR) und die Empfangsmöglichkeit von Amateur-TV im 23 und 13cm-Band. Und wer einen +/- 500 kHz Bereich überwachen will, dem steht eine Spektrum-Funktion zur Verfügung.

Ist er es oder nicht?

Ja, für einen relativ niedrigen Einstiegspreis bietet der ICOM IC R3 ein weites Frequenzspektrum bei gutem Großsignalverhalten. Er bietet die Möglichkeit Audio (FM/AM/WFM) und Video (AM/FM-TV) zu empfangen. Die genannten Einschränkungen beziehen sich auf die Software und hier wird es in absehbarer Zeit Lösungen geben. Da der Receiver extrem klein ist, kann man vom eingebauten Lautsprecher keine Wunder erwarten. Ein externer Lautsprecher oder Kopfhörer ist zu empfehlen. Bewusst haben wir in diesem Bericht auf die weiteren technischen Angaben oder den Empfangsmöglichkeiten anderer terrestrischer Dienste verzichtet. Dem Autor ging es lediglich darum, zu klären, ob dieser kleine Receiver die Basis für das private Pocket-Echelon sein könnte.

Funkschau Telecom
Christian Mass
SATELLITEN SIGNALE
anzapfen und auswerten
Satellitenspionage für Einsteiger
Franzis'

Notizen

Notizen

Notizen

Notizen

Notizen